中国碳排放权交易制度与金融支持研究

曲彦君◎著

图书在版编目（CIP）数据

中国碳排放权交易制度与金融支持研究 / 曲彦君著.
北京：企业管理出版社，2024.6. -- ISBN 978-7-5164-
3091-0.

I. X511

中国国家版本馆CIP数据核字第2024GD6704号

书　　名：	中国碳排放权交易制度与金融支持研究
书　　号：	ISBN 978-7-5164-3091-0
作　　者：	曲彦君
责任编辑：	李雪松
出版发行：	企业管理出版社
经　　销：	新华书店
地　　址：	北京市海淀区紫竹院南路17号　邮　　编：100048
网　　址：	http://www.emph.cn　电子信箱：emph001@163.com
电　　话：	编辑部（010）68701638　发行部（010）68414644
印　　刷：	北京亿友数字印刷有限公司
版　　次：	2024年6月第1版
印　　次：	2024年6月第1次印刷
开　　本：	710mm×1000mm　1/16
印　　张：	10.75
字　　数：	138千字
定　　价：	68.00元

版权所有　翻印必究　·　印装有误　负责调换

前言

自工业革命以来，骤增的温室气体排放导致了全球温室效应的加剧，气候变暖引发的一系列问题给生态环境与经济社会发展带来了持续性的负面影响。若不能有效应对气候变化问题，极端天气、海洋酸化、海平面上升、生物多样性受损、粮食产量下降及疾病风险增加等问题将持续加剧，对人类社会发展形成难以逆转的威胁。应对全球气候变暖已成为当下国际社会的共同使命，各国都在致力于采取有效的措施来减缓与适应气候变化。2015年12月12日，第21届联合国气候变化大会通过了《巴黎协定》，明确了将全球平均气温升幅控制在2℃以内并努力追求1.5℃的目标，为全球气候治理建立了明确的目标指引。

大气环境容量资源的公共性决定了温室气体排放行为具有负外部性，即排放行为的成本不仅仅由排放者自身承担，还会波及整个社会和环境。英国经济学家庇古提出的环境保护税与美国经济学家科斯提出的科斯定理为解决上述问题提供了重要的思路，此后人们不断探索和创新各种治理工具，以更好地应对负外部性导致的气候与环境问题。传统行政手段在气候与环境治理中暴露了一定的局限性，而市场化的治理工具因其灵活性和创新性，更能适应复杂多变的治理需求。在这样的背景下，碳排放权交易（以下简称碳交易）作为一种创新的市场化治理工具应运而生。

碳排放权交易制度是一种通过市场机制来控制和减少温室气体排放，以促进经济转型和实现减排目标的重要举措。自2003年芝加哥气候交易所建成以来，截至2024年5月，全球共有36个运行中的碳排放交易系统。我国在加入国际碳交易体系后，也逐步展开了国内碳交易市场的建设。我国已建立起试点碳市场与全国碳排放权交易市场（以下简称全国碳市场）

并行的碳交易体系，成为全球覆盖二氧化碳排放量最大的碳交易系统。碳交易体系的建立是中国为应对气候变化问题与实现减排目标所采取的一项关键举措，为经济发展向"低碳增效"转型提供了重要动力。

中国碳交易体系经历了不断发展和完善的过程，从地方试点到全国碳市场逐步成型，市场覆盖范围逐渐扩大，行业参与度不断提高。中国碳市场已成为全球规模最大的碳市场之一，为实现碳达峰、碳中和目标提供了坚实的支撑，同时也为应对全球气候问题贡献了中国智慧与中国方案。本书从制度设计与金融支持两方面对中国碳交易制度展开论述与解读。第一，介绍碳交易制度的诞生背景，指出中国低碳发展的核心目标与面临的挑战。第二，对碳交易的制度构成展开具体剖析，阐明碳交易的运作原理及不同制度设计的政策效果。第三，对中国碳交易体系的顶层设计进行系统梳理，对试点碳市场与全国碳市场的运行情况进行详细分析，进而厘清各碳市场的制度特点以展现碳交易制度的实践效果，并对金融支持碳市场的原理与方法展开分析，对中国碳市场金融支持的现状与问题加以讨论。第四，本书以欧盟碳交易体系、美国加州碳市场及日本东京都碳市场为参考对象，对其发展中的主要经验进行深入归纳与借鉴，进而提出中国碳交易制度的优化方向与碳金融支持的改进建议。

目　录

第一章　气候治理与低碳发展 … 1

第一节　气候变化与能源问题 … 2
一、气候变化的挑战 … 3
二、中国面临的能源约束 … 7

第二节　中国低碳发展的必要性 … 9
一、中国低碳发展的目标 … 9
二、中国低碳治理的努力 … 11
三、中国低碳发展的挑战 … 12

第三节　碳排放权与碳交易 … 14
一、碳排放权 … 14
二、碳交易 … 16

第二章　碳排放权交易的制度构成 … 19

第一节　覆盖范围与总量 … 20
一、碳交易的覆盖范围 … 20
二、碳配额的总量设定 … 25

第二节　配额分配制度 … 27
一、基于历史数据的分配方法 … 29
二、基于行业基准的分配方法 … 31
三、竞价拍卖法 … 32

第三节　履约相关制度 … 34
一、MRV 制度 … 35
二、交易制度 … 38

三、履约制度 …………………………………………………… 40

第三章　中国碳市场的制度设计 …………………………………… 45
第一节　试点碳市场的制度设计 ……………………………………… 46
　　　一、深圳碳市场 …………………………………………………… 47
　　　二、上海碳市场 …………………………………………………… 49
　　　三、北京碳市场 …………………………………………………… 53
　　　四、广东碳市场 …………………………………………………… 56
　　　五、天津碳市场 …………………………………………………… 59
　　　六、湖北碳市场 …………………………………………………… 61
　　　七、重庆碳市场 …………………………………………………… 65
第二节　非试点碳市场与全国碳市场的制度设计 …………………… 68
　　　一、四川碳市场 …………………………………………………… 68
　　　二、福建碳市场 …………………………………………………… 70
　　　三、全国碳市场 …………………………………………………… 73

第四章　中国碳市场的发展概况 …………………………………… 79
第一节　试点碳市场的运行与履约情况 ……………………………… 80
　　　一、试点碳市场的配额交易情况 ………………………………… 80
　　　二、试点碳市场的配额价格波动 ………………………………… 89
　　　三、试点碳市场的履约与抵消情况 ……………………………… 96
第二节　全国碳市场的运行与履约情况 ……………………………… 98
　　　一、全国碳市场的配额交易情况 ………………………………… 98
　　　二、全国碳市场的配额价格波动 ………………………………… 100
　　　三、全国碳市场的履约与抵消情况 ……………………………… 101

第五章　金融支持碳市场的原理与方法 ………………… 105

第一节　金融支持碳市场的理论基础 ………………… 106
一、气候风险管理理论 ………………………………… 106
二、功能金融理论 ……………………………………… 109

第二节　金融支持碳市场的作用路径 ………………… 111
一、推动减排成本收益转化 …………………………… 111
二、提供金融中介服务 ………………………………… 112
三、风险防范与转移 …………………………………… 113

第三节　金融支持碳市场的主要形式 ………………… 114
一、中介服务机构 ……………………………………… 115
二、碳金融产品 ………………………………………… 119

第六章　中国碳市场金融支持的现状与问题 …………… 123

第一节　中国碳市场金融支持现状 …………………… 124
一、商业银行 …………………………………………… 124
二、证券公司 …………………………………………… 126
三、信托公司 …………………………………………… 127
四、保险公司 …………………………………………… 128

第二节　中国碳市场金融支持存在的问题 …………… 129
一、碳金融产品供给不足 ……………………………… 129
二、项目风险因素较多 ………………………………… 130
三、碳金融专业人才短缺 ……………………………… 131
四、政策支持尚不完善 ………………………………… 132

第七章 国外碳交易体系的经验借鉴 ……………………… 133

第一节 欧盟碳交易体系的建设经验 ……………………… 134
一、法律体系保障 ………………………………………… 134
二、MRV 管理机制 ……………………………………… 136
三、价格稳定措施 ………………………………………… 138

第二节 加州碳市场的建设经验 ………………………… 140
一、法律框架 ……………………………………………… 140
二、总量与配额分配 ……………………………………… 141
三、价格控制与抵消机制 ………………………………… 144

第三节 东京都碳市场的建设经验 ………………………… 145
一、政策与法律保障 ……………………………………… 145
二、总量设定与配额分配 ………………………………… 146
三、碳信用抵消机制 ……………………………………… 148

第八章 完善碳交易制度设计与金融支持 ……………… 151

第一节 碳交易制度的优化方向 ………………………… 152
一、拓宽控排行业范围，推动碳市场逐步扩容 ………… 152
二、逐步调整排放控制策略，向"双碳"目标迈进 …… 153
三、完善配额分配策略，解决双重计算问题 …………… 154
四、规范市场履约机制，制定适当违约处罚标准 ……… 155
五、优化碳市场抵消机制，发挥自愿减排作用 ………… 156
六、保障碳市场稳定运行，建立配额价格调控机制 …… 157

第二节 碳金融支持的改进建议 ………………………… 158
一、加强碳金融的政策支持与资金投入 ………………… 158
二、加强碳金融产品开发与利用 ………………………… 159
三、拓展金融机构在碳交易中的参与途径 ……………… 160
四、完善碳金融风险防范机制 …………………………… 161

第一章
气候治理与低碳发展

气候治理与低碳发展是关乎人类未来和地球命运的重要议题。全球气候变化带来的挑战日益严峻，极端天气频发和生态系统遭受破坏，对人类的生存与发展构成了巨大威胁。积极推进气候治理和低碳发展，是我们应对这些挑战的必然选择。低碳发展能够减少温室气体排放，缓解气候变暖的趋势，为人类创造更加宜居的环境；同时还能推动经济结构调整，促进可持续发展，实现经济增长与环境保护的双赢。中国政府致力于构建高效的气候治理模式，其中，碳交易作为关键的市场机制，对于推动低碳发展、引导企业减排具有不可替代的作用。

第一节 气候变化与能源问题

在当今时代，气候变化与能源问题已经成为全球关注的焦点。随着工业化和经济的快速发展，人类活动排放的大量温室气体导致气候系统发生了显著变化。气温升高、极端天气事件频繁发生，给自然生态系统和人类社会带来了严峻挑战。同时，能源消耗是引发气候变化的主要因素之一。传统的化石能源如煤炭、石油等的过度使用，不仅加剧了温室气体排放，还导致了能源资源日益短缺和环境污染等问题，寻找可持续的能源替代方案，实现能源转型，业已成为当务之急。在这样的背景下，全球各国都在积极探索和采取措施，以应对气候变化，保障能源安全，推动可持续发展。

一、气候变化的挑战

温室气体排放导致的全球气候变化带来了诸多负面影响。能源消费是温室气体排放的主要来源之一，因此，减少能源消费碳排放的关键在于提高能源利用效率和优化能源结构。可再生能源开发成为能源转型的核心取向，但同时传统化石能源仍在转型中发挥重要作用。《联合国气候变化框架公约》（以下简称《公约》）开启了全球气候治理合作，而后《巴黎协定》进一步明确了全球温升控制目标。然而，要实现温控目标面临一系列挑战，存在诸多阻碍因素，如发展中国家的平衡问题、资金资源短缺、地缘争端等，现有的减排努力与目标仍有较大差距，抑制气候恶化迫在眉睫。

1. 气候变化与能源变革

自工业革命以来骤增的温室气体排放导致了全球温室效应的加剧，气候变暖引发的一系列问题对生态环境与经济社会发展带来了持续性的负面影响，若不能有效控制气候变化，极端天气、海洋酸化、海平面上升等问题将愈演愈烈，同时生物多样性受损、粮食产量下降、疾病风险增加等问题也将不断加剧，对人类社会发展构成难以逆转的危害。

能源消费是温室气体排放的主要来源。能源开发利用过程中产生的二氧化碳占据了温室气体排放的绝大部分比例，因此针对能源行业及其消费端的减排成为应对气候变化的关键选择。减少能源消费中的碳排放主要依赖于两条路径，一是提高能源利用效率，降低单位产出的碳排放量，从而减少能源消费总量；二是优化能源结构，以清洁能源与可再生能源替代传统能源，降低能源消费的含碳比。

气候变化的威胁推动了全球范围内能源系统的整体变革。首先，可再生能源开发成为当下能源转型的核心取向。近年来，太阳能、风能、水能、生物质能等可再生能源的开发利用发展迅速，例如，可再生能源发电装机容量大幅增长，年新增装机容量超过500吉瓦，光伏发电和风电平均度电成本分别下降超过80%和60%，技术成本大幅降低。可再生能源的发展为能源消费提供了更多的选项，使各地不再囿于自然资源禀赋的差距，为各地的能源转型提供了相对平等的机会，例如中东可以利用太阳能资源、东非可以利用地热能资源等。[①]可再生能源相对于传统能源而言，既具有能源利用的可持续性，又兼具清洁环保的特质，不会产生温室气体排放。随着气候问题的加剧与一次能源存量的消减，可再生能源开发将成为能源变革的必要选择。

其次，技术进步推动了非传统化石能源的开发利用。美国的页岩气革命是全球能源领域的一场重大变革，页岩气的开发为化石能源利用创造了新的选项。2010年后美国实现了页岩气与页岩油的规模量产，除满足其国内供应外，还实现了大规模出口。页岩油气的开发改变了全球能源市场的供应格局，供给的增加促使各国调整能源消费结构，以天然气部分替代传统的化石能源。同时，页岩气与石油、煤炭等传统能源相比碳排放更低，更有利于能源消费的低碳转型。

最后，煤炭、石油等传统化石能源仍在转型过程中发挥着重要的兜底与过渡作用。可再生能源虽然发展迅速，但其在全球能源消费结构中仍然占比较低。2023年《世界能源统计年鉴》指出，可再生能源（不包括水电）仅占全球能源消费的7.5%，而化石能源消费占比则高达82%，短期内可再生能源难以占据能源消费的重心。近年来，国际能源价格的频繁波动与欧洲持续性的能源短缺表明，传统化石能源在当下阶段仍然发挥着无可替代的作用，能源的低碳转型仍需建立在能源供给安全的前提下。

2.《巴黎协定》与全球减排目标

为了应对气候变化，1992年，联合国环境与发展大会通过了《联合国

---

① 李坤泽. 全球能源变革与能源安全新特征[J]. 国际石油经济, 2023, 31(1): 42-48.

气候变化框架公约》，开启了应对气候变化的全球性合作，《公约》的提出为全球气候治理提供了基本框架和原则。为加强《公约》实施，1997年《公约》第三次缔约方大会通过《京都议定书》。《京都议定书》进一步量化明确了各国温室气体减排任务，并创造性地提出了国际排放贸易机制、联合履约机制和清洁发展机制三种灵活履约机制，开启了全球合作减排的实质性进程。然而由于国家间减排义务分配问题难以协调，《京都议定书》预设的合作减排效果并未得到有效的发挥，全球气候治理面临着集体行动的困境。一些国家选择在气候行动中"搭便车"，导致国家间减排项目合作受阻，对发展中国家的减排援助也难以落实。[①]

随着京都模式的实施受到阻滞，全球气候治理逐渐转向多元化发展。各国的气候治理行动并未受到《京都议定书》进展受阻的影响，驱动国家采取行动的动力开始由外部的义务分配转向了内部的发展需求。2015年12月12日第21届联合国气候变化大会通过了《巴黎协定》，明确了将全球平均气温升幅控制在2℃以内，并努力将温升限制在1.5℃的目标，为全球气候治理建立了明确的目标指引。以《巴黎协定》的温升目标为限，各国提交了对应的国家自主贡献目标与行动计划。《巴黎协定》更新了对"共同但有区别的责任"原则的解释，取消了京都模式以发达国家、发展中国家区分减排义务的缔约规则，形成了缔约国自主提交减排目标的合作模式。实现《巴黎协定》的气候治理目标需要全球各国积极采取减排措施，目标约束将激励各国加快能源转型的进程、完善气候治理的制度建设，在共同但有区别的责任原则下公平分担责任与义务，合作应对全球气候变化的威胁。

根据联合国环境规划署发布的《2023年排放差距报告》，为实现《巴

---

① 王伟光，郑国光. 气候变化绿皮书：应对气候变化报告（2011）[M]. 北京：社会科学文献出版社，2011.

黎协定》的温升控制目标，各国必须采取强硬的减排措施。到 2030 年，全球温室气体排放量必须下降 28% 至 42%，若不采取"变革性的气候行动"，全球大概率将在 21 世纪升温 2.5℃ 到 3℃。实现温控目标意味着全球能源体系必须做出根本性变革，在保障经济社会发展水平的前提下，控制能源碳排放的根本途径是降低单位 GDP 能源强度与碳排放强度，形成低能耗、低碳排放的经济发展模式。降低能源强度可以从能源生产和消费两个层面入手，在生产层面，需要提高能源生产、转换、使用等环节的能源技术效率，以尽可能低的能源消耗生成最大化的产出；在消费层面，需要调整生产方式与消费方式，以减少终端用能需求与能耗水平。降低能耗强度也意味着降低碳排放强度，此外，优化能源结构、以清洁能源替代化石能源使用也是降低碳排放强度的有力手段。

为了实现《巴黎协定》所承诺的温升控制目标，各国采取了一系列气候治理行动，包括制定阶段性碳减排目标，承诺在一定期限内通过减少碳排放和增加碳吸收实现二氧化碳净零排放；调整能源结构，发展太阳能、风能、水能等可再生能源技术；应用循环经济模式，提高能源利用效率并减少资源浪费；采取政策措施，通过碳定价、能源补贴、绿色标准等政策手段引导行业与社会公众采取减排行动等。在各国采取行动的同时，仍存在诸多因素对全球气候治理形成挑战，譬如发展中国家面临着发展与减排难以平衡的问题、资金与资源短缺、地缘争端与政治分歧对国际气候合作形成阻碍等，种种因素使得一些国家拒绝采取强有力的减排措施，难以保证二氧化碳排放量的绝对下降，总体来看，现有的减排努力与《巴黎协定》所承诺的温升控制目标间仍存在较大缺口。政府间气候变化专门委员会（IPCC）在第六次评估报告中的《全球升温 1.5℃》特别报告指出，按照当前气候变暖水平，全球气温或将在 2030 年到 2052 年间较工业化之前的水平升高 1.5℃，触及《巴黎协定》所承诺 21 世纪升温水平的红线，这意味着采取行动抑制气候问题恶化刻不容缓。

二、中国面临的能源约束

气候变化与能源危机已成为当前经济体发展所面临的最为严峻的挑战。碳达峰、碳中和要求建立清洁高效的能源体系，尽快实现清洁能源替代与化石能源升级，而煤炭作为高碳能源，是降碳转型的关键对象。同时，能源的安全稳定供给是经济社会发展的前置条件，煤炭等化石能源在保障能源自给率上发挥了关键性作用，因此能源低碳转型必须兼顾清洁性与安全性两大必要前提，必须在保障煤炭、煤电供应的前提下实现能源降碳增效转型。

1. "双碳"减排目标下的转型困境

中国在 2020 年 9 月召开的联合国大会上表示将提高国家自主贡献力度，采取更加有力的政策和措施，二氧化碳排放力争于 2030 年前达到峰值，努力争取 2060 年前实现碳中和。作为世界最大的碳排放国，我国能源碳排放总量大，减排任务艰巨。同时，我国正处于经济发展与产业结构转型的关键时期，尚不具备实现净零排放的条件与能力。此外，在减碳的同时，我们还需兼顾经济发展的重任。这对我国能源结构的调整带来巨大压力。

一方面，能源转型面临着成本问题。我国的能源禀赋整体表现为"富煤缺油少气，有水有风光"。具体来说，我国煤炭资源储量相对丰富，但分布不均衡且质量较低；石油与天然气资源相对不足，长期依赖进口；低碳能源以水电为主，风能、太阳能装机容量持续增长。基于我国的能源禀赋特点与"双碳"目标要求，加快构建清洁低碳安全高效的能源体系、实现能源结构重心由化石能源向清洁能源的转变，既是政策要求也是发展趋势，其重点任务就是推动煤炭的清洁高效利用。但必须意识到，清洁技术的升级、设备的更新抑或低碳能源的替代，都不可避免在一定时期抬高能源的价格,例如为降低燃煤发电对环境的污染,对燃煤机组采取脱硫脱硝改造与小火电机组退出措施,导致煤电企业发电成本上升,在一定时期影响了电力的稳定供给。

另一方面,能源转型直接影响煤炭供需。为响应能源转型的要求,降低煤炭在能源结构中的占比,我国自 2016 年开始对煤炭行业实施供给侧结构性改革,以行政手段"去产能",要求大型煤矿减产限产,关闭退出"老劣小"与违规产能。根据中国煤炭工业协会发布的《2020 煤炭行业发展年度报告》,在供给侧结构性改革的推动下,"十三五"期间全国累计退出煤矿 5000 处左右,淘汰落后煤炭产能超过 19 亿吨。煤炭供给侧改革虽在降产能、去库存方面作用明显,却也导致了煤炭产量的过度缩减与煤炭价格的上涨。随着新能源发电成本的降低、供给侧结构性改革及"能耗双控"政策的落实,煤炭需求产生了一定的收缩,但从整体上看,煤炭消费依然存在显著的正增长。相比之下,我国煤炭产量特别是动力煤产量不足,供需之间始终存在缺口,而且煤炭生产具有刚性约束,在短期内煤炭供给很难实现大幅上涨。

2. 能源安全约束下的煤炭依赖

能源安全事关发展安全与国家安全。近年来,地缘政治冲突对全球经济和供应链造成巨大冲击,经济社会发展总体承压,保障能源供应安全已成为稳定经济社会格局的必要条件。在碳达峰、碳中和政策背景下,能源的低碳转型同样需要守住安全的底线,鉴于我国以煤为主的能源禀赋与消费特征,能源转型绝非一日之功,安全降碳才是转型的题中之义。我国面对的能源安全问题复杂多元,既包括传统化石能源的供应安全,也包括作为终端能源的电力安全;既要关注能源的供应稳定,同时还需考虑能源的清洁使用与经济性。

国际能源危机与国内煤电短缺事件向我们指明,供给短缺是最大的能源不安全。维护国家的能源安全必须保证能源的自给率。我国在《能源生产和消费革命战略（2016—2030）》中提出，能源自给能力应保持在80%以上，而煤炭作为我国首要的一次能源，是保障能源自给率的关键。根据《BP世界能源统计年鉴》数据，2023年我国的一次能源消费中石油和天然气分别占19.2%和8.5%，且主要依赖进口，而煤炭在一次能源中占比高达53.9%，对能源安全起到了"压舱石"的作用。在"双碳"目标下，煤炭承担着降碳转型与兜底保供的双重压力，若煤炭在一次能源中比例下降过快，将导致能源自给率降低，增加能源市场的非预期波动，威胁我国的能源安全，同时还会引发能源价格波动加剧。

第二节　中国低碳发展的必要性

在应对全球气候变化的背景下，中国提出了碳达峰、碳中和目标，以推动经济向更加绿色、低碳和可持续的方向发展。为了实现这一目标，中国采取了一系列措施，包括制定并更新国家自主贡献目标、加强低碳制度建设、推动能源转型和产业结构调整等。在取得一定的进展的同时，也面临着能源消费总量高、碳排放总量持续增长、能源转型困难和低碳技术创新不足等挑战。

一、中国低碳发展的目标

2015年，在法国巴黎举行的第21届气候变化大会通过了《巴黎协定》及一系列相关决议，为2020年后全球应对气候变化的行动与合作奠定了法律基础。在《巴黎协定》的温升控制目标约束下，各缔约国需根据自身发展情况定期制定并提交国家自主贡献（NDC）目标。我国在 2015 年首次递交的 NDC 文件中提出国家自主贡献目标，承诺"于 2030 年前后使二氧化碳排放达到峰值并争取尽早实现，到 2030 年，单位国内生产总值二氧化碳排放比 2005 年下降 60% 到 65%，非化石能源占一次能源消费比重达到 20% 左右，森林蓄积量比 2005 年增加 45 亿立方米左右"[①]。

为了应对全球气候变化，推动经济向更加绿色、低碳、可持续的方向发展，2020 年 9 月，国家主席习近平在第七十五届联合国大会一般性辩论上提出，中国将提高国家自主贡献力度，采取更加有力的政策和措施，二氧化碳排放力争于 2030 年前达到峰值，努力争取 2060 年前实现碳中和[②]。2021 年 10 月，中国正式提交《中国落实国家自主贡献成效和新目标新举措》（以下简称《自主贡献》）和《中国本世纪中叶长期温室气体低排放发展战略》。《自主贡献》提出，二氧化碳排放力争于 2030 年前达到峰值，努力争取 2060 年前实现碳中和。到 2030 年，中国单位 GDP 二氧化碳排放将比 2005 年下降 65% 以上，非化石能源占一次能源消费比重将达到 25% 左右，森林蓄积量将比 2005 年增加 60 亿立方米，风电、太阳能发电总装机容量将达到 12 亿千瓦以上[③]。碳达峰、碳中和目标向我国低碳发展提出了更严峻的挑战，实现这一目标需要我国付出更艰苦的努力。

与发达国家相比，我国的碳达峰、碳中和目标更不易于实现。发达国家实现碳达峰时均已处于后工业化发展阶段，这一阶段经济增速已然放缓，

---

① 俞懿春，李晓宏，殷淼，等. 明确减排目标，展现大国形象[N]. 人民日报，2015-07-02(021).

② 习近平. 在第七十五届联合国大会一般性辩论上的讲话[N]. 人民日报，2020-09-23(003).

③ 中国向联合国气候变化框架公约秘书处提交国家自主贡献报告[N]. 新华每日电讯，2021-10-29(010).

发展所需的能源消耗也已接近饱和，通过能源替代发达国家可以较为容易地实现碳强度下降速度高于经济增速。而我国短期内能源需求的缺口难以通过发展可再生能源与新能源来弥补，这意味着传统化石能源消费量在短期内仍会增长，在保证经济增速的同时实现碳排放达峰，中国必须采取更积极有力的应对措施。

二、中国低碳治理的努力

1992年《联合国气候变化框架公约》的签署开启了我国对于气候变化与可持续发展问题的关注，国家随即出台了《中国21世纪议程》等指导环境与发展的纲领性文件，低碳治理自此开始萌芽。党的十四届五中全会提出，在现代化建设中，必须把实现可持续发展作为一个重要战略，使经济建设与资源、环境相协调[1]。随后《国务院关于环境保护若干问题的决定》进一步提出实行环境质量行政领导负责制，实施污染物排放总量控制，将废气、废水等污染防治作为重点治理内容。

国家在"十一五"规划中明确提出，"'十一五'时期要努力实现单位国内生产总值能源消耗降低20%左右、主要污染物排放总量减少10%"的约束性指标；制定了《节能减排综合性工作方案》《国家环境保护"十一五"规划》等政策方案，将节能降耗目标提至与经济增长目标同等重要的位置。随后国家出台了《中华人民共和国可再生能源法》与《中华人民共和国节约能源法》指导国家的能源发展，各部委也依据节能减排要求制定了相应的工作方案。这一期间国家大力推动落后产能淘汰工作，累计关停小火电机组7600万千瓦，淘汰落后炼铁产能1.2亿吨，实现了高耗能行业内部的优化升级。在严格的目标约束下，"十一五"期间我国单

---

[1] 江泽民. 正确处理社会主义现代化建设中的若干重大关系——在党的十四届五中全会闭幕时的讲话（第二部分）[J]. 求实, 1995(11): 2-7.

位 GDP 能耗累计下降 19.06%，单位 GDP 二氧化碳排放累计下降约 21%。

"十二五"时期，国家进一步提出温室气体排放控制。"十二五"规划更新并细化了能耗控制与减排目标，要求"单位国内生产总值能源消耗降低 16%，单位国内生产总值二氧化碳排放降低 17%。主要污染物排放总量显著减少，化学需氧量、二氧化硫排放分别减少 8%，氨氮、氮氧化物排放分别减少 10%"。同时国家加强了低碳制度建设，通过建立低碳城市试点，推动城市在改善环境质量、优化产业结构、降低污染排放等方面展开积极探索；还在深圳、北京等七个省市建立碳排放权交易试点，尝试通过市场化机制促进碳减排与低碳发展，破解发展与保护的二元矛盾。在"约束性指标"的强政治激励及低碳城市、碳交易试点等政策作用下，中国按期完成了能耗与排放控制目标，并于 2018 年提前完成在哥本哈根气候大会上做出的"到 2020 年单位国内生产总值二氧化碳排放比 2005 年下降 40%~45%"的控排放承诺。

党的十八大将生态文明建设提升至前所未有的战略高度，强调"把生态文明建设放在突出地位，融入经济建设、政治建设、文化建设、社会建设各方面和全过程"[①]。"十三五"规划对我国低碳发展进行了全面布局，要求建设清洁低碳、安全高效的现代能源体系，加强资源节约、环境治理与生态保护。"十三五"期间我国能源利用效率仍有显著提升，单位 GDP 能耗累计下降 13.5%，单位 GDP 碳排放累计下降 18.2%，清洁能源占能源消费比重持续增加，资源循环利用规模不断扩大，生态环境质量总体改善，绿色发展水平显著提升。

三、中国低碳发展的挑战

低碳发展是中国应对气候变化、提高发展可持续性的战略选择，碳达

---

① 中共中央关于全面深化改革若干重大问题的决定(2013年11月12日中国共产党第十八届中央委员会第三次全体会议通过)[J]．求是，2013(22)：3-18．

峰、碳中和的提出在设定低碳发展阶段性目标的同时，也预示了低碳发展将面临前所未有的挑战。我国能源消费长期依赖煤炭，化石能源消费与碳排放总量均排在世界首位，而能源结构转型与产业结构调整尚需时日，减排难度极大。尽管我国在节能减排方面付出了大量努力，短期内经济增长仍然无法实现与碳排放的完全脱钩。与发达国家40到60年的碳中和期限相比，我国由碳达峰向碳中和过渡的期限仅有30年，"双碳"目标的实现可谓时间紧、任务重。

首先，我国能源消费总量高，碳排放总量也呈现持续增长的趋势。根据国家统计局数据，2023年中国能源消费总量达到57.2亿吨标准煤，比上年增长5.7%，且能源消费总量呈持续增长趋势。根据中国石化2023年12月发布的《中国能源展望2060（2024版）》，我国一次能源消费总量预计在2030至2035年间达峰，峰值约为62.6亿吨标准煤。碳排放水平与能源消费存在直接关联，2023年中国碳排放总量约112.2亿吨，约占全球碳排放总量的三分之一，较2022年排放总量增长了约6.4亿吨。尽管在经济发展与减排政策的作用下能源强度与碳强度水平已出现显著下降，但短期内由经济增长带来的碳排放增加仍难以通过技术减排抵消。

其次，对煤炭的能源依赖导致能源转型困难。我国"富煤缺油少气"的资源禀赋决定了能源生产消费长期以煤为主，根据国家统计局数据2023年煤炭消费量占能源消费总量比重仍达到55.3%，而石油和天然气分别仅占18.3%和8.4%。我国目前主要依赖以燃煤为主的火力发电，占比五成的火电装机承担了超过六成的发电量，水电、光伏、风电等清洁能源虽然装机容量大幅增长，却无法克服间歇、波动的自然属性，煤炭作为电力系统中的压舱石，短期内大幅削减其消费量将动摇电力系统的稳定性。同时，我国还面临着油气生产不可持续的问题，未来石油与天然气进口依存度可能会持续上升，快速削减煤炭在能源构成中的比重将影响能源供应安全。

最后，低碳技术创新面临着高成本、高风险、长周期的困境。低碳技术创新是提高能源利用效率、降低能源消费碳排放的关键途径，是我国实现能源转型的必然选择，而技术创新无疑需要大量的资金支持。目前多数企业与研发机构面临资金短缺的困境，同时技术研发存在较高的不确定性与市场风险，且投资回报周期较长，企业与投资者往往持谨慎态度。此外，绿色技术创新大多存在较高的技术门槛与专利壁垒，新进入者难以打破现有技术壁垒，导致研发速度相对缓慢。

第三节 碳排放权与碳交易

大气环境容量资源的公共性使得温室气体排放行为具有负外部性，这种负外部性意味着排放行为的成本不仅仅由排放者自身承担，还会波及整个社会和环境。庇古的环境保护税与科斯定理为解决环境问题提供了重要的思路，此后人们不断探索和创新各种环境治理工具，以更好地应对环境问题所带来的负外部性。传统行政手段在气候与环境治理中显示出了一定的局限性，市场化的治理工具因其灵活性和创新性，更能适应复杂多变的治理需求，碳交易正是在此背景下产生的。

一、碳排放权

碳排放权是"权利主体为了生存和发展需要，由自然或法律赋予的向大气排放二氧化碳等温室气体的权利"①。碳排放权以大气环境容量为权利客体，其本质上属于排污权的一种形式。

碳排放权概念的生成源自国际社会对气候问题的关注。1992年通过的《联合国气候变化框架公约》提出了限制温室气体排放的目标，在《公约》的基础上，1997年通过的《京都议定书》提出"缔约方应个别地或共同地确保其人为二氧化碳当量排放总量不超过按照附件中所载其量化的限制和减少排放的承诺及根据本条规定所计算的分配数量"②，由此为缔约方确立了边界清晰的碳排放权。碳排放权的概念脱胎于国际法，但其权利主体不仅限于国家，譬如《京都议定书》所提出的联合履约机制（JI）与清洁发展机制（CDM）均是以企业等营利性机构为碳排放权主体。此外，自然人基于生存发展需要，同样具有排放二氧化碳等温室气体的自然权利。

碳排放权作为一种排污权，具有准物权的属性。准物权是客体具有特定性的一类物权，具备支配性、绝对性和排他性等物权特征。③碳排放权以大气环境容量为权利客体，由于后者在社会发展中稀缺性日益增强，故无法作为纯粹的公共物品无限制地加以使用。为了避免大气环境容量资源的滥用，必须明确其产权，也就是对资源进行物权化。自《联合国气候变化框架公约》与《京都议定书》缔约以来，国际社会展开了以物权化手段配置大气环境容量资源的积极探索，形成了碳排放权交易的制度设计，塑造出碳排放权的准物权属性。一方面，《京都议定书》规定了缔约方被许可的碳排放量，即明确了各国对大气环境容量资源的支配权利，使碳排放权具备了确定性和可支配性；另一方面，《京都议定书》还确立了碳交易

---

① 韩良. 国际温室气体排放权交易法律问题研究[M]. 北京：中国法制出版社，2009.

② 万霞. 国际环境法资料选编[M]. 北京：中国政法大学出版社，2011.

③ 崔建远. 准物权研究[M]. 北京：法律出版社，2003.

的三种主要机制,明确了碳排放权的可交易性。

在准物权属性外,碳排放权也被国际社会视为一种新的发展权。[①]联合国《发展权利宣言》提出,发展权的本质是"一项不可剥夺的人权",它以公平、公正为内核,以权利主体享受到切实的利益为目的。[②]碳排放权作为发展权可以从两个层面理解:对于国家而言,碳排放权是利用人类共同的大气环境容量资源谋求发展的权利;对于个人而言,碳排放与个人的生存发展息息相关,是每个人天然具备的权利。[③]随着大气环境容量资源的稀缺性日益凸显,碳排放权由自然权利转为法定权利,其发展权属性也愈发突出。考虑到发达国家与发展中国家发展历史排放与发展水平的差异,《京都议定书》强调了"共同但有区别的责任",充分体现了碳排放权的发展权属性。另外,清洁发展机制建立起了全球性的碳交易市场,使发达国家与发展中国家能够互利互惠,同样体现了发展权的理念。

二、碳交易

碳交易,即碳排放权交易,是以碳排放权为标的进行交易的一种市场机制。碳交易的设计初衷是通过确权将碳排放的外部性转化为排放主体的内部成本,使企业为自身的污染排放付费,从而推动企业减少排放与技术进步。碳交易促进减排的基本原理在于,对于不同的排放主体而言,其减排成本存在差异,碳交易通过总量限制与配额分配,能够鼓励减排成本较低的企业超额减排并将剩余配额出售给减排成本较高的企业,使双方在完

---

① 杨泽伟.碳排放权:一种新的发展权[J].浙江大学学报(人文社会科学版),2011,41(3):40-49.

② 汪习根,涂少彬.发展权的后现代法学解读[J].法制与社会发展,2005(6):55-66.

③ 汉考克.环境人权:权力、伦理与法律[M].李隼,译.重庆:重庆出版社,2007.

成既定减排目标的同时降低履约的成本。碳交易制度从本质上讲是一种市场型的环境规制工具，它并不是对排放主体设定固定的减排任务，而是鼓励其根据市场信号进行决策，以降低减排的边际成本。通过碳交易，边际减排成本低的企业会争取最大限度的减排，而边际减排成本高的企业会通过购买碳排放配额来履约，从而实现帕累托最优。[1]

碳交易制度的发展与1997年联合国气候委员会通过的《京都议定书》密切相关。这项由缔约方共同签署的国际性条约首次在法律层面对温室气体排放做出约束，要求"在2008至2012年承诺期内这些气体的全部排放量从1990年水平至少减少5%"[2]，并提出联合履约（JI）、国际排放贸易（ET）与清洁发展机制（CDM）三大灵活减排机制以推动减排目标的实现。联合履约机制是发达国家之间通过项目形式实现温室气体减排量转让的合作机制，其交易产品简称为减排单位（Emission Reduction Unit，ERU）。国际排放贸易则是发达国家之间出售超额完成减排义务指标的贸易机制，其交易产品简称为分配数量单位（Assigned Amount Unit，AAU）。清洁发展机制是京都三机制中唯一允许发达国家与发展中国家展开交易的合作减排机制，其交易方式是发达国家通过减排项目合作给予发展中国家一定的资金和技术援助，以换取项目产生的核证减排量（Certified Emission Reduction，CER）用于履约。

自《京都议定书》签订以来，许多国家纷纷展开了对碳排放权交易的探索与实践，并形成了特定的碳交易市场。根据是否采取强制性减排制度，可将其划分为强制性碳市场和自愿性碳市场。强制性碳市场是多数国家的普遍选择，除了《京都议定书》建立的国家间碳市场外，较为典型的还包

---

[1] 曾刚，万志宏. 碳排放权交易：理论及应用研究综述[J]. 金融评论，2010，2(4)：54-67+124-125.

[2] 万霞. 国际环境法资料选编[M]. 北京：中国政法大学出版社，2011.

括欧盟碳市场（EU-ETS）、区域温室气体倡议（RGGI）、韩国碳市场（K-ETS）、新西兰碳市场（NZ-ETS）及中国的全国碳市场（CN-ETS）等。在强制性碳市场中，公共部门会根据减排目标对排放总量设定一个上限，并根据一定标准将排放配额分配给控排单位，若其在履约期内排放量超过配额上限，则需要额外购买配额，否则将面临违约处罚。相比之下，自愿性碳市场的交易环境相对自由，市场主体的交易成本更低，由于交易行为出于组织或个人的自发意愿，其市场活跃度与强制性碳市场相比有所不及。自愿性碳市场的交易行为主要包括对个人或企业特定的温室气体排放活动进行补偿，或出于碳中和的考虑购买各种排放指标。[①] 目前自愿性碳市场主要有三种形式：其一是国际自愿减排机制，如清洁发展机制、国际航空碳抵消和减排计划（CORSIA）；其二是第三方自愿减排机制，如美国气候行动储备（CAR）方案、核证碳标准（VCS）；其三是各国国内的自愿性碳市场，如中国全国温室气体自愿减排交易市场。作为强制性碳市场的有益补充，自愿性碳市场能够在降低企业履约成本的同时，带动更广泛的排放群体参与到减排行动中，进一步降低社会减排成本。

---

① 张懋麒，陆根法. 碳交易市场机制分析[J]. 环境保护，2009(2): 78-81.

第二章
碳排放权交易的制度构成

碳排放权交易是国际社会为应对气候变化问题所采取的一项重要的制度创新。碳交易制度涉及控排边界、排放总量约束、配额分配制度、MRV制度、交易与履约制度等一系列复杂规则的设定，这些制度的共同作用造就了碳交易在环境、经济与技术创新等方面的政策效果。厘清碳交易的制度构成，是对碳交易展开深入分析的基础环节，也是探究碳交易制度效应与作用机理的必要前提。本章将从覆盖范围与总量、配额分配制度及履约相关制度三个方面对碳交易制度构成进行梳理，以形成系统、全面的认知。

第一节　覆盖范围与总量

碳交易运行的关键是对企业的碳排放权进行合理配置。碳配额即企业可获得的碳排放额度，是由主管部门分配的、允许排放主体向大气环境中排放二氧化碳的总量。在开展碳排放权交易之前，先要划定碳市场的覆盖范围，即确定碳排放规制的边界。再确定地区排放总量约束的上限，并据此设定碳配额的总量，这为实现地区减排目标构成基本保障。此外还需设定配额的分配计划与分配方法，从而为配额的分配和管理提供科学依据。

一、碳交易的覆盖范围

碳交易体系的覆盖范围包括碳排放实体向主管部门上交配额的区域边界、行业类型、排放源头及温室气体种类。确定碳交易体系的覆盖范围意图在于明晰政策实施的边界，覆盖范围对纳管主体的数量、参与交易的排放量占地区排放总量的比例，以及控排行业在地区间减排目标中承担的责任均存在潜在影响。

不同覆盖范围的设定各具优缺点。设计较为广泛的覆盖范围主要具有下述优点。一是能够提高减排目标的完成度。通过覆盖广泛的排放源，政策主体能够对更多的碳排放形成管控，这有助于提振完成既定减排目标的信心。二是能够扩大碳市场的容量，增加进入碳市场的企业数量。当有更多边际减排成本不同的行业进入碳市场时，能够更有效地发挥碳市场的资源配置功能，使碳减排任务流向边际减排成本更低的企业，从而优化整体减排成本、促进社会福利的增进。同时，交易主体的增加能够提升市场的有效性，使之充分发挥价格发现的能力，避免个别主体操纵市场的风险。

缩小覆盖范围的优势则在于两点。一是可以保证较低的交易成本与行政成本。碳交易的技术前提是对排放数据实施监测管理，对不同行业、设备与排放流程进行监测将产生大量的成本，同时还会加大主管部门报告、核查等方面的行政负担，导致整体成本超过实施碳交易带来的收益。二是缩小覆盖范围可以尽量避免碳泄漏的风险。碳泄漏指的是实施排放管控地区的碳生产与投资向未实施排放管控的地区转移。[①]这将导致碳排放规制的失灵，而设计较小的覆盖范围能够将容易产生碳泄漏的行业排除在碳交易规制范围以外。

政策制定者在设定碳交易覆盖范围时需要重点考量纳入行业、覆盖气体、上下游管控及资格门槛等要素。

---

① 市场准备伙伴计划(PMR)，国际碳行动伙伴组织(ICAP).碳排放交易实践手册：碳市场的设计与实施[M].华盛顿：世界银行，2016.

1. 纳入行业

各行业在排放水平、减排潜力与排放成本方面往往存在较大差异，这些因素对其是否适合纳入及何时纳入碳交易体系有着重要影响。在选择纳入行业时，先要考虑其行业排放量占整体排放的比重。对于工业化水平较高的国家而言，发电行业与工业行业的整体排放占比往往多达80%以上，农业、交通等温室气体排放占比水平则较低。为了在保证碳市场有效性与减排目标完成度的同时合理控制交易与行政成本，在碳交易体系建立的初期应当选择排放量水平高、排放数据易于获取的行业。换句话说，应当率先考虑覆盖以少数排放大户为主的行业，譬如电力、工业等经济部门；避免将分散、小规模、不易监测的排放源纳入管控，以降低整体成本并减小制度推行的阻力。

在全球各个碳市场的制度实践中，工业与电力行业是大多数碳市场的主要覆盖部门。具体而言，除了美国RGGI市场以外，其余碳市场均将工业部门纳入交易范围；除了瑞士及日本的部分地区外，其余碳市场均纳入了电力行业。此外，建筑行业也成为多个国家和地区的控排选择，譬如美国加州碳市场、韩国碳市场、日本东京都和埼玉碳市场、新西兰碳市场及中国的部分试点碳市场等。随着交通行业排放份额的快速上涨，欧盟EU-ETS、韩国、新西兰等碳市场逐渐将航空等交通部门纳入控排行业范围。此外，新西兰碳市场还率先将林业作为主要排放部门纳入了碳交易范围。

2. 覆盖气体

碳交易并不仅局限于二氧化碳这一种气体，其他温室气体如甲烷、一氧化二氮等也可以作为控排气体纳入管控与交易范围。政策制定者需要依据纳入行业的排放气体类型、地区的减排目标及控排成本来确定碳交易覆盖的气体种类。与纳入行业的选择标准相类似，确定覆盖气体范围时应当保证对应的监测、管理等成本不高于控排行为的预期收益。

第二章 碳排放权交易的制度构成

表 2-1 总结了全球主要碳交易体系覆盖气体情况。二氧化碳作为温室气体排放中占比最高的一项，是各碳交易体系的必然选择。除此之外，作为工业过程的主要产物，一氧化二氮与全氟化碳被欧盟碳市场（EU-ETS）、新西兰碳市场（NZ-ETS）等多个碳交易体系所覆盖。此外，加州碳市场（CCTP）、韩国碳市场（K-ETS）及我国的重庆试点碳市场对六种主要温室气体实现了全覆盖。

表 2-1 全球主要碳交易体系覆盖气体情况

碳交易体系	覆盖气体					
	二氧化碳	甲烷	一氧化二氮	氢氟碳化物	全氟化碳	六氟化硫
EU-ETS	覆盖		覆盖		覆盖	
NZ-ETS	覆盖		覆盖		覆盖	
RGGI	覆盖					
Tokyo-CAT	覆盖					
ACPM	覆盖					
CCTP	覆盖	覆盖	覆盖	覆盖	覆盖	覆盖
CH-ETS	覆盖					
K-ETS	覆盖	覆盖	覆盖	覆盖	覆盖	覆盖
重庆试点	覆盖	覆盖	覆盖	覆盖	覆盖	覆盖
北京试点	覆盖					
上海试点	覆盖					
深圳试点	覆盖					
广州试点	覆盖					
湖北试点	覆盖					
天津试点	覆盖					

3. 上下游管控

政策制定者在确定纳入行业范围的同时，还需考虑在上游行业抑或是下游行业实施排放的管控。碳交易实现排放控制的根本途径是对部分行业的排放总量进行上限控制，由此带来的控排成本将由排放企业承担。为了使碳交易能够影响整个产业链条的排放行为，设置管控范围时应当保证控排成本得到有效的传递。设置上、下游管控的依据如下。

对上游行业进行管控：即对温室气体排放的源头行业进行监管，通常指涉及化石燃料开采、初加工的行业，化石燃料在此处进行燃烧与能源转化。由于涉及化石燃料开采的企业数量远少于其消费端企业数量，主管部门能够大量节约实施管控的行政成本。另外，实施上游监管等同于从源头处将多数排放行业同时纳入管控，无须再设置特定的排放水平门槛，且能够有效规避纳入部分行业导致的跨行业碳泄漏问题。实施上游监管的典型是新西兰碳市场，该碳交易体系仅对化石燃料的生产或进口处实施管控，因此仅需纳入排放上游的百家能源企业，便实现了化石燃料温室气体排放的完全覆盖。上游能源行业通过将减排成本传递至下游行业，从而实现全链条的排放成本约束；同时为了避免上游恶意的成本转移，新西兰碳市场允许一些下游企业自愿进入碳市场。

对下游行业进行管控：即对化石燃料及其衍生能源的消费端进行监管，如电力、工业及其他能源消费部门。我国试点和全国碳市场、欧盟碳交易体系、美国 RGGI 体系等均采取下游行业监管模式。下游管控对于气体排放数据质量的要求较高，因此采取下游监管的碳市场大多在开市前数年便启动了排放数据与计量方法学的筹备工作。尽管下游管控的行政成本较高，但其相对于上游管控而言成本约束作用更为直接，对企业的实际控排效果往往更为有效。

4. 资格门槛

政策制定者在设计碳交易体系覆盖范围时，会设置一定的资格门槛，将低于要求的企业排除在管控范围之外。通过对控排企业的排放水平或能耗水平进行筛选，能够有效减少纳入管制的企业数量，从而大幅降低监测、报告、核查等行政成本，且不对控排目标的完成度产生显著的扰动影响。

在设定纳入行业的资格门槛时，需要考虑控排地区排放行业的分布情况、企业的减排潜力、碳泄漏的可能及主管部门的控排预期。首先，若该地区以工业等高排放部门为主，则排放门槛会设置在较高水平，譬如我国的广东、湖北试点碳市场；若该地区分布着较多小微排放源，则需设定偏低的门槛以保证覆盖大部分的排放量，譬如我国的深圳试点碳市场。其次，为了保证碳交易体系的稳定性，在设置门槛时还需考虑企业的减排潜力，若多数纳入企业无法承担控排成本或难以完成履约，则需提高排放门槛将其排除在外。再次，加入碳交易的企业会产生额外的成本或收益，由此带来的市场格局变化可能会导致行业间的碳泄漏问题。最后，主管部门应当根据排放目标的严格程度、监测与核查的成本及地区的产业结构变化适时调整纳入门槛，以保证控排目标的完成度及实现成本收益比的最大化。

二、碳配额的总量设定

碳交易需要对纳入市场的温室气体排放总量上限进行约束，以保证控排的有效性。由政府进行分配的碳排放权为"碳配额"，通常情况下每单位配额等价于同样单位数量的温室气体排放。对排放总量加以限制使得碳配额具备了稀缺性，可以用来交易，由此形成的配额价格即为"碳价"。总量的严格程度往往会对碳价水平产生直接影响。

1. 总量的严格程度

总量的严格程度是指在现有排放水平下实现总量约束目标的难易程度。总量目标越严格，意味着越少的配额总量及越短的完成期限。政策制定者在设计总量的严格程度时，既要考虑其对地区减排目标的贡献，同时还应保证该总量水平下碳交易的运行成本。任何碳排放交易体系的基本目标，都是以成本有效的方式实现理想的减排水平。[①]当其他条件保持不变时，总量严格程度越高，企业减排需要负担的成本则越高，因此在碳交易制度设立的初始阶段，政策制定者应适当地放宽总量的严格程度。如此既有利于增强控排企业的适应性，帮助政策顺利过渡，同时也为主管部门采取政策调试预留了一定的空间。随着碳交易制度的完善与地区整体减排能力的提升，政策制定者可以进一步对总量进行收紧，以达到减排目标预期。

通常来说，配额总量的严格程度取决于减排目标的强度，总量的数额需要依据国家整体减排目标、地区排放水平及潜在减排能力综合决定。这个过程既可以是自上而下决定的，也可以采用自下而上的方法，或者两种方法兼顾。自上而下的方法是政府根据碳排放强度逐年降低和碳排放总量增量逐年降低的要求，结合经济发展水平制定碳配额总量，这种方法能够协调配额总量与国家的减排目标的一致性，比较适用于全国范围的碳市场体系。自下而上的方法是根据排放企业的排放情况与减排潜力估计出配额的总量，这种方法充分考虑到行业与企业的实际情况，但同时也对排放数据质量有着更高要求，因此更适合覆盖范围有限的碳市场。此外，多数局部性碳市场会采用自上而下与自下而上结合的方法，即综合考虑整体的减排目标与企业的实际排放情况进行总量目标的设定。目前我国碳市场采用的是结合的总量目标确定方法，即在综合考虑经济发展目标与碳减排目标

---

① 市场准备伙伴计划（PMR），国际碳行动伙伴组织（ICAP）.碳排放交易实践手册：碳市场的设计与实施[M].华盛顿：世界银行，2016.

的基础上，结合企业历史排放数据，遵循"适度从紧"和"循序渐进"的原则设定总量目标。

2.总量约束类型

碳配额的总量约束类型包括绝对总量和强度总量两种，强度总量又被称为相对总量。绝对总量是指数目固定的排放企业可获得的配额总量，而强度总量是可根据排放企业实际排放水平或经济产出来确定的配额数量。

碳市场在选择配额总量类型时需要着重考虑两方面的因素。其一，配额总量类型应当与地区的整体减排目标类型保持一致。若规定了地区某类温室气体排放的逐年下降比例，那么配额总量也应设置为逐年下降一定比例的绝对总量类型；反之则应当采取相对总量约束。同时，约束的一致性并不代表着一成不变，多数经济体往往会根据发展阶段选择更为适宜的总量类型，以谋求制度的平稳过渡或保证控排目标的实现效果。其二，总量的类型也与总量的严格程度存在紧密的关联。总量的严格程度较高往往代表着减排任务较为迫切，此时采取绝对总量类型更容易保证减排目标能够顺利达成；若总量的严格程度较低，往往意味着排放约束相对宽松，譬如政策的过渡阶段，此时采取强度总量类型能够降低企业履约失败的风险。

第二节　配额分配制度

碳配额是碳市场的核心交易产品，控排企业履约必须确保拥有足量的碳配额。配额的分配权力收归于政府部门，政府会根据一定的标准与方法向企业分配阶段性的排放配额，而企业获得配额的数量将对其生产、排放及交易等行为产生直接的影响。政策制定者在设计配额分配制度时，必须综合考量不同分配方法是否会影响减排目标的完成、是否具有碳泄漏风险及能否对企业形成有效激励等问题，从而设计适合该地区行业可持续发展的配额分配方法。

对于新建碳市场而言，先应当保证碳交易制度的平稳过渡。考虑到初涉交易的企业风险预期较低，交易意愿相对较弱，且容易存在搁浅资产等负担，在设计配额分配方案时应当保证给予企业足量的免费配额。新建碳市场还应当对企业的先期减排行为给予奖励。对于率先开展减排行动的企业，在采用基于历史的分配方法时应充分考虑其先期减排量，避免历史基准对企业排放行为造成反向激励，影响企业的减排积极性。此外，新建碳市场需重视配额分配方式潜藏的碳泄漏风险。若分配方式对企业造成较大的成本压力且难以向消费端有效转化，那么排放企业可能将排放源转移至排放管控强度较弱的地区，这一方面会违背碳交易的减排初衷，另一方面也会影响地区间的产业竞争关系。免费的配额分配方式虽然能在一定程度上降低碳泄漏风险；但同时也意味着放宽配额约束，容易降低企业减排积极性，因此，需要在降低碳泄漏风险和保持企业减排积极性之间找到一个平衡点。

根据获得方式进行划分，配额的分配方法包括免费分配和有偿分配两种，碳市场需要根据具体的发展阶段及地区的行业分布情况选择适合的分配方法。目前多数碳交易体系都采用了免费分配与有偿分配相结合的混合模式（见表2-2）。常用的免费分配可分为两个大类，一是基于历史数据的分配方法，二是基于行业基准的分配方法。有偿分配则以拍卖为主要方法。

表 2-2 全球主要碳交易体系配额分配方法

碳交易体系	免费或有偿分配	免费分配行业	分配方法
EU-ETS	免费、有偿混合	电力、制造、航空	历史排放法、基准线法、拍卖
NZ-ETS	免费、有偿混合	排放密集、出口行业	历史强度法、基准线法、拍卖
RGGI	有偿分配	无	拍卖
Tokyo-CAT	免费分配	所有控排行业	历史排放法
CCTP	免费、有偿混合	电力、天然气、部分工业	历史强度法、历史排放法、拍卖
CH-ETS	免费、有偿混合	制造业	基准线法、拍卖
K-ETS	免费分配	所有控排行业	历史排放法、基准线法

一、基于历史数据的分配方法

1. 历史排放法

历史排放法又称为祖父法，是根据企业过去某个阶段排放水平计算其可获得的配额。历史排放法，顾名思义，与企业的历史排放属性相关，不涉及未来的排放数量与产出水平。其中，一种计算方法是将企业的历史排放量乘以减排系数得出实际配额量；另一种计算方法是采用历史产出量或能源消耗总量乘以转换系数后，再乘以减排系数得出实际配额量。历史排放法并非固定数额的分配方法，政策制定者会根据国家的减排目标强度与企业的减排能力变化适时调整与更新，譬如改变历史排放基准年份、设定逐期下降的减排系数等，以确保分配方式的灵活性。

对于历史排放法而言，选取历史排放的基准年份是分配的首要环节。选择适合的年份能够避免企业刻意增加排放以谋取超量的配额，从而保证总量控制的有效性。历史排放法对于控排行业的历史排放及产出数据具有较高要求,因此欲采取此方法的碳市场必须预先开展相关数据的前期收集、报告与审核及对应方法学的制定工作,以保证所选基准年份数据的有效性与准确性。

历史排放法的主要优点有二。其一,计算过程相对简单、易于操作,在确定各行业排放基准年份与控排系数后,主管部门可以直接计算得出对应配额。因此,碳交易体系在建立初期大多倾向于选择历史排放法,譬如欧盟碳市场的第一减排阶段和第二减排阶段、韩国碳市场的第一减排阶段、东京碳市场及我国的多数碳交易试点市场均使用了这种分配方法。其二,历史排放法对于存在搁浅资产风险的高排放企业而言成本负担更小。高排放企业意味着历史排放水平较高,因此一般情况下能够获得更多数量的免费配额,能在一定程度上弥补因减排导致的搁浅资产价值损失。此外,在历史排放法下,企业采取减排努力更容易获得配额的剩余,能够形成有效的减排激励。

历史排放法同时也存在一定缺点。其一,难以形成持续的激励。历史排放法对企业减排的激励源于历史排放与当前排放差值所形成的配额剩余,若对基准年份进行更新,前后排放差值将大幅缩减,企业将失去持续减排的激励。同理,若排放基准年份选择不当,率先采取减排行动的企业反而分得更少的配额,如此将形成"鞭打快牛"的反向激励。为了避免这一问题,一些碳市场仅在初始阶段使用历史排放法,还有一些碳市场在分配配额时对企业先期减排行为予以一次性的配额补偿。其二,企业可能通过减少产量,提升价格的方式牟取暴利。碳交易的理想减排路径是激励排放主体通过技术创新提高碳生产效率,从而实现减排与发展的共赢,而非通过缩减产量的方式降低排放。在总量约束与利益驱使下,为降低减排成本企业可能会缩减产量,使得产品价格随之上涨,影响减排目标的实现和扰乱市场秩序。

2. 历史强度法

历史强度法又可称为基于产出的分配方法，是以控排企业的历史排放强度水平为基准，根据企业的实际产出情况进行调整的分配方法。在历史强度法下，控排企业分配的配额数量采用实际产出水平乘以历史排放强度平均值后，再乘以调整系数得出实际配额量。这种方法以历史排放强度为基准，计算原理与行业基准线法更为相似，不同的是前者会根据产量调整企业的实际配额。新西兰碳市场、加州—魁北克碳市场及中国各试点碳市场均采用了此种分配方法。

历史强度法的优点有二。其一，可以向控排企业提供持续有效的激励。历史强度法基于企业的产出进行分配数量方面的调整，一方面企业能够得到与产出水平相匹配的免费配额，避免了缩减产量牟取暴利的风险；另一方面基于历史排放强度的计算方式并不会对先期减排行动造成显著影响，采取减排努力的企业反而可以通过更高的碳生产效率赢得竞争优势。其二，能够有效规避碳泄漏的风险。在历史强度法下，产出的增量意味着获得额外的免费配额，这有利于消解减排技术提升带来的成本问题，避免企业逃避碳市场带来的成本与碳价的束缚。

同时，历史强度法也存在一个显著的问题，即基于产出计算的配额量缺乏上限约束，容易使配额分配总量超出减排目标限定的总量上限，而免费配额量过大既会导致碳交易活跃性不足，也会加大主管部门管理的难度。对此，碳市场在采取历史强度法时最好采取一定措施对总量上限进行约束。

二、基于行业基准的分配方法

基准线法又称为标杆法，是参照某个行业或某种生产方式碳排放强度基准水平进行配额分配的一种方法。其计算方法一般为企业的实际产能或产量乘以行业基准值，一些碳市场在计算时还会乘以年度下降系数。由于短期内行业的排放强度不会发生显著的变化，多数行业的排放基准线不常做出调整，因此只有在企业提升产能的情况下，才能实现分配配额的增加。

基准线法的优点有二。其一，能够对先期减排企业与碳强度较低的企业形成有效的激励。当企业的碳强度低于行业基准时，产能越高，则分配到的免费配额也就越多，企业越有机会从交易中获取利润。且基准线法与历史排放水平无关，对于采取先期减排行动降低碳强度的企业而言更能形成一种正向减排激励。其二，与历史排放法相比，基准线法的行业基准值更新频率低，如此企业能够在较长时期受益于生产率的提升，进而持续降低碳排放强度。

同时，基准线法也存在固有的缺陷。一方面，行业的碳强度基准不易于计算。在实际的生产过程中，不同的生产流程产生的碳排放水平存在差异。若该行业产品种类繁多，则往往只能针对个别主要产品制定行业基准，基准值不仅计算过程复杂，且受人为主观因素的影响；若对每个产品均设置对应的强度基准，则需要更多的排放数据及更高的计算成本。另一方面，基准线法会对碳排放强度较高的企业造成明显的冲击，显著增加高排放企业的总体成本，不利于碳交易政策的平稳过渡，因此多数高排放行业的碳交易体系选择在碳市场发育相对成熟后再由基于历史的分配方法逐渐过渡到基准线法，譬如，欧盟碳市场在第三阶段才采用基准线法。

三、竞价拍卖法

竞价拍卖法是最常见的配额有偿分配方法。通常来说，政策制定者只规定竞价拍卖的配额发放总量与拍卖规则，譬如最低申报竞买量、竞买底价及成交原则等。竞价拍卖方式借助市场机制能够充分发现配额价格、降低碳价波动风险；同时拍卖获得的收益还能继续投入地区的低碳发展及碳市场建设。

全球多个碳交易体系都采取了竞价拍卖这一有偿分配方法。其中，部分碳市场自开市以来便将竞价拍卖作为核心分配方法，对绝大多数配额进行有偿分配，譬如美国区域温室气体减排行动（RGGI）；还有一些碳市场在前期以免费配额分配为主，拍卖的配额比例随着时间的推移逐渐提高，譬如欧盟碳市场、新西兰碳市场、加州碳市场等。在中国的试点碳市场中，广东碳市场要求新增企业在纳入碳市场的首个年度必须参与有偿分配，其余试点市场则较少开展配额拍卖，全国碳市场则尚未开展有偿的竞价拍卖。

竞价拍卖有几个优点。首先，程序简单，主管部门无须预先制定复杂的配额计算方法，从而可以节约大量的行政成本。其次，拍卖所获得的收益能够为公共事业所利用。政府可以将拍卖获得的收益再度投入气候与环境建设中，鼓励相关企业进行减排技术研发及清洁能源利用等。再次，拍卖是价格发现的重要途径。拍卖能提高市场的流动性，帮助价格充分反映企业的边际减排成本，从而降低价格扭曲的风险。最后，拍卖作为纯粹市场化的分配方式，有利于实现碳配额的合理分配，发挥碳市场环境容量资源配置的基本功能。

尽管竞价拍卖存在诸多优点，但仍难以成为诸多碳市场的首要选择。首要原因在于竞价拍卖是一种有偿分配方式，完全的有偿分配将对企业减排形成极重的成本负担，大大增加政策推行的阻力，且难以保证企业的履约质量，从而影响地区减排目标的实现。同理，拍卖机制也无法避免碳泄漏的问题。有鉴于此，碳市场多是将拍卖作为配额分配的非强制性选项，在初期阶段主要发挥其价格发现的功能，在碳市场扩容后再逐渐提高拍卖的比例。

第三节　履约相关制度

碳配额的履约是"企业提交排放数据—政府发放相应配额—企业清缴排放配额"的过程（见图2-1）。重点排放企业先要按照主管部门规定制订监测计划，并对其碳排放总量展开监测和核算，以提供准确的排放数据。在此之前，地方政府会根据国家公布的标准并结合地方实际制定碳排放的核算方法，明确相关技术要求。然后，企业需要按时向主管部门提交年度排放报告，并由主管部门或第三方机构对排放情况展开核查。通常情况下，政府会通过购买服务的方式向企业指定核查机构。政府在获得企业提交的碳排放报告与排放核查报告后，会对排放数据展开统计分析与针对性的复核，主管部门确认排放数据后，会依据分配方案向企业发放对应数量的配额。由于配额需要根据企业年度实际排放情况进行分配，因此当年的排放配额需要等到下一年度才能正式发放，为了保证企业在整个排放周期内均能持有配额进行交易，实践中通常会采取配额预分配的方式，即根据上一年度排放情况预先向企业分配一定比例碳配额用于交易，待核准实际排放数据后，再补发或收回差额。

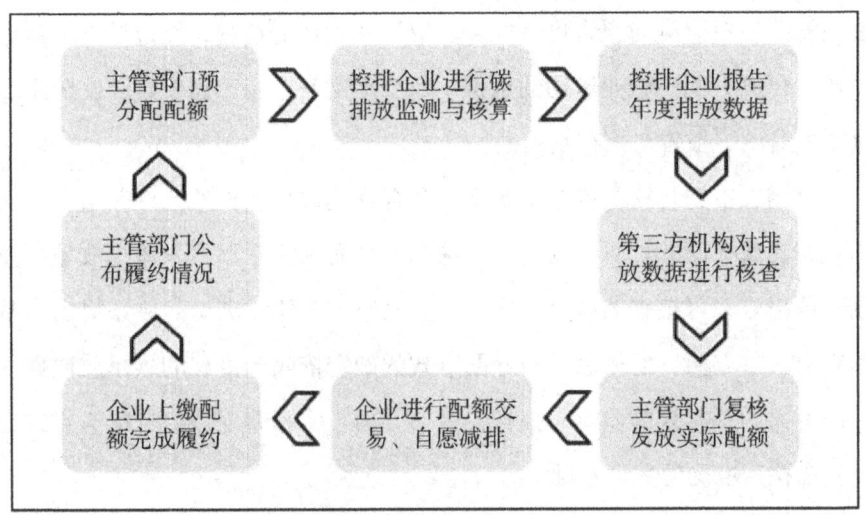

图 2-1 碳交易配额履约过程

企业在获得碳配额后,便可在交易平台上进行配额的出售或购入。在履约期截止前,企业需要上缴与年度实际排放额同等数量的碳配额,若获取的免费碳配额不足以覆盖实际排放量,则需要通过交易或自愿减排项目获取额外配额。履约期结束后,主管部门会对配额清缴的情况进行统计与公布。对于未能按时履行配额清缴义务的企业,主管部门将责令其在期限内履行清缴义务;对于逾期仍不履行的企业,主管部门将给予不同程度的处罚。在上一年度配额履约完成之后,政府将根据排放与履约情况调整配额分配方案,并对当期配额展开预分配。

一、MRV 制度

MRV 是指 Monitoring(监测)、Reporting(报告)与 Verification(核查)。监测、报告与核查制度是碳市场得以运行的基础保障。其中,监测是指控排企业对相关排放数据进行连续性的或周期性的收集、统计与计算;报告是指控排企业依据技术要求编制排放报告并报送主管部门的过程;核查则是主管部门对监测与报告进行检查、取证和确认的过程，经过核查的数据将作为配额分配与企业履约的依据。每个碳交易市场都需要建立在公平、透明的监测、报告与核查基础上。

监测、报告与核查概念来源于《联合国气候变化框架公约》第十三次缔约方会议提出的"所有发达国家缔约方都必须遵守温室气体排放量可监测、可报告、可核查的减排原则"[①]。该原则为建立碳交易体系提出了基本要求。一方面，配额总量与分配方式的确定依赖于准确的碳排放数据，而后者离不开有效的监测与报告；另一方面，实际碳配额的分配与履约也建立在核查准确的数据基础上。

1. 监测

对排放设施进行监测是获得温室气体排放数据的首要步骤。监测数据保证足够精准，才能为主管部门决策与企业减排提供必要的保障。监测排放数据要根据特定的方法学进行量化核算，方法学指南通常由国家或地方权威部门统一制定。主管部门在制定监测方法学时需要衡量方法学的精度与对应的技术要求及监测成本。监测的方法主要包括直接监测法与间接监测法。直接监测法是借助连续监测系统中的仪器设备测量排放的温室气体浓度和流量，然后根据一定标准分时段对数据进行测量，最后换算成年度总排放量的方法。这种方法能够保证较高的精准程度，同时也面临更高的成本与技术要求。间接监测法则是根据设施数据与排放参数估算得出温室气体排放数据，这种方法虽然容易量化且成本较低，但数据精度不高。

温室气体的监测与核算包含了如下操作步骤。首先，前置步骤需要确定排放核算的基准时点及排放源。确定基准时点能够保证排放数据的一致

---

① Bali Action Plan, Documents and Decisions, UNFCCC. Bali Action Plan [R/OL]. (2007-12-17) [2024-4-15]. https://unfccc.int/decisions?f%5B0%5D=conference%3A3399.

性，基准时点通常以年计，既可采用固定基准年进行度量，也可采用滚动基准年。排放源可以分为直接排放和间接排放。直接排放主要包括燃料燃烧排放、工业过程排放、废弃物处置排放等；间接排放则指非企业自身活动导致的排放，如电力等间接能源在消费过程中产生的排放。其次，针对各类排放源确定对应的监测核算方法，然后制订监测计划、收集监测数据并核算出实际的排放数据。最后，在监测与核算的过程中，需要尽量避免量化的不确定性。具体的应对方法包括采用更精准的监测设备与监测技术、调整模型与相关参数以降低估算误差、增加监测样本的数据量以避免样本遗漏与随机误差、对多期数据进行交叉验证等。

2. 报告

报告是将监测的温室气体排放数据及第三方的核查结果根据主管部门要求编制整理成合规文本并提交审查的过程。重点排放企业首先需要根据主管部门规定的报告指南编写温室气体排放报告，并由第三方机构对企业实际排放情况进行核查。然后控排企业需要在规定的期限内向主管部门分别提交排放报告和核查报告，报告的时间应与履约时间框架保持一致。接下来主管部门将对排放报告和核查报告进行审查，并根据一定标准选择部分报告进行复核。主管部门在确定企业的排放数据后，方可向其发放或补发对应的碳配额。

排放报告的内容主要包括企业基本信息、生产信息及排放监测数据三个部分。首先需要交代企业名称、单位性质、所属行业、企业负责人等基本信息。其次，针对企业生产的主要信息，包括主要产品、产能、产量和产值的变化情况，以及导致温室气体排放产生重大变化的企业合并、分立、重组等情况进行说明。最后，要重点报告企业的温室气体排放情况。企业需根据不同的排放设备分别报告排放活动水平数据，具体包括设施编号、排放源、温室气体种类、活动水平数据、排放因子、计算方法和排放量的计算结果。企业温室气体排放总量要按照直接排放和间接排放分别报告，并报告这些不同类型排放占总排放的比重。主管部门制定报告要求时须具备前瞻性，即使前期配额分配并不涉及某些排放数据（例如使用祖父法确定配额时），仍需预先收集这些数据以应对未来配额分配方式转变之需。

3. 核查

温室气体排放的核查工作通常是由具备政府认定资质的独立第三方核查机构执行，一些碳市场主管部门会通过政府购买服务的方式向企业提供核查服务。核查机构在准备、执行及报告核查工作时，既要遵循独立性原则，在核查过程中秉持客观公正，避免与排放企业产生利益冲突或合谋，保证核查结果的真实、准确；同时需要保证专业性，能够根据主管部门与排放企业的要求，提供专业的核查服务并出具准确的核查报告。

为了确保第三方机构核查的质量，主管部门需要对核查机构进行认证和监管。同时，主管部门还需制定温室气体核算的标准与指南，明确核查的具体技术要求与报告编写规则。此外还需加强能力与配套设施建设。一方面，专业机构与人才是核查得以顺利开展的重要保证，应加强对核查人员操作流程与技术规范的培训。另一方面，统一的报告与核查平台对MRV体系运行至关重要。建设统一的碳排放信息平台，实现排放数据的在线填报与核查，可以大大提高MRV体系运行效率。

二、交易制度

碳市场的交易制度包括规定交易主体、交易品种、交易方式、交易风险防控及交易监管等。

1. 交易主体

碳市场的交易主体主要包括控排企业、投资机构和个人。控排企业是碳交易的核心主体，但仅以履约为目的的交易量通常很小，且参与交易的控排企业数量往往比较有限。碳市场本质上是金融市场，投资机构作为重要的金融主体，在提升市场流动性方面发挥了重要作用。与传统证券等金融市场相比，碳市场准入门槛较高，且流动性偏低、风险较高，因此参与碳市场的个人投资者相对较少。

2. 交易品种

碳市场的交易产品包括配额、核证减排量与碳金融衍生品。配额和核证减排量交易多为现货交易，即直接买入或卖出，而非通过合约延期交割。碳金融衍生品主要包括碳期货、碳期权、碳远期和碳掉期。碳期货是以碳配额为现货标的的期货合约，能够为交易主体提供套期保值工具以规避风险；碳期权是以碳配额为标的，通过签署合约买卖碳期权的交易；碳远期是指交易双方通过合约确定未来交易时间，远期交易能够有效规避现货交易风险、提前锁定交易收益与交易成本；碳掉期是指双方交换资产或等价现金流的合约，通常应用于不同标的资产的互换交易。

3. 交易方式

碳排放权的交易方式依据场所不同划分为场内交易和场外交易两种类型。场内交易也称公开交易或挂牌交易，是指交易双方通过交易所的公开系统发送报价、完成交易和结算的交易方式。场外交易也称协议转让或大宗交易，是由交易双方自行协商确定交易价格并向交易所进行申报，在协议生效后办理配额交割与资金结算的交易方式。场外交易具有灵活性高、手续费低等特点，故适用于关联交易和大宗交易。此外，一级市场可以由政府直接拍卖配额，也可以委托金融机构定价出售碳配额，目前中国试点碳市场采取的是政府直接拍卖配额的交易方式。

4. 交易风险防控

为有效防范交易风险，规避交易主体违规行为，各交易机构会在交易规则中设置风险管理条款。主要的风险管理条款包括涨跌幅限制制度、配额持有量限制制度、不良信用记录制度、大户报告制度、风险准备金制度等。涨跌幅限制制度由交易所设定，交易所可以根据市场风险状况调整涨跌幅限制；配额持有量限制制度是根据交易方分配的初始配额数量对其同一年度最大配额持有量进行限制，如因生产经营活动需要增加持有量的可向交易所另行申请额度；不良信用记录制度是将存在违反相关法律、法规的交易参与人列入不良交易信用记录并进行严格管理；大户报告制度是针对配额持有量达到交易所规定的持有量限额比例的交易人按要求进行报告与资料核查；风险准备金制度是设立一笔资金用于为维护碳排放权交易市场正常运转、提供财务担保和弥补不可预见风险带来的亏损。

5. 交易监管

交易监管包括对重点事项的监管及对交易行为的监管。重点事项监管的内容包括涉嫌内幕交易、操纵市场等违法违规的情节，受到法律、行政法规、部门规章和规范性文件及交易所业务规则限制的交易情况，以及可能影响交易价格或者交易量的异常交易情况等。交易行为监管的内容包括可能对交易价格产生重大影响的交易行为、大量或者频繁进行互为对手方交易的行为、频繁申报或频繁撤销申报的行为、巨额申报或明显偏离市场成交价格的行为、大量或者频繁进行高买低卖的行为等。针对上述行为，交易所可以视情况予以警告、限制交易、冻结账户及上报主管部门等处置。

三、履约制度

1. 抵消机制

抵消机制允许未被碳交易体系覆盖排放源的减排量产生抵消信用，抵消信用一旦被核证，便与配额等效，可以用于碳市场的履约。在碳交易体系中使用抵消信用可能会导致覆盖企业的排放总量超过总量约束目标，但由于超额排放量能够被抵消信用所中和，因此总体减排效果保持不变。若抵消机制的减排成本低于碳交易体系所覆盖排放源的减排成本，则总体减排成本将得到降低。

抵消信用可来自碳交易体系内部，也可来自碳交易覆盖范围以外，通常分为国内抵消机制与国外抵消机制。国内抵消机制是由国内机构在国家或地区层面管理的抵消机制，由相关政府部门针对特定司法管辖区制定规则，抵消信用可在国内或国际开发的项目中产生，通常仅限于机制内部进行交易与抵消。国际抵消机制是由多个国家承认的机构所管理的抵消机制，管理机构为所有参与国制定明确规则，抵消信用可在多个国家产生，并可以在国际市场上交易。《京都议定书》中引入的三大灵活履约机制之一的清洁发展机制（CDM）便是国际抵消机制的典例。

清洁发展机制是全球首个，也是目前为止规模最大的国际抵消机制。清洁发展机制使发展中国家的减排项目能够获得核证减排量（CER）信用，《京都议定书》附件一涉及的国家可交易和使用此类核证减排量，从而以较低成本实现协约所确定的减排目标；发展中国家则可以通过该机制获得资金与技术方面的支持，从而推动减排。

抵消机制虽然只是碳交易的补充机制，但存在多方面的优势。一是抵消机制能够实现更低成本的减排。为了控制碳交易体系的运行成本，林业、农业等行业大多被排除在覆盖范围之外，而这些行业往往能以较低成本实现温室气体减排或封存。二是通过抵消机制以项目的方式将这些减排量纳入碳市场，能够为交易主体提供低成本的履约机会，同时未被碳交易体系覆盖的行业能够从中获得一定的资金支持。三是抵消机制往往能够形成经济、环境和社会的协同效益。抵消项目大多为改善农业、林业方面的扶持性项目，开展此类项目既能够改善空气质量、修复退化土地与林业生态，同时也能为改善农林业生计提供帮助。

同时，抵消机制的使用也可能会对碳交易体系带来一定的不利影响。

一方面，偏低的抵消信用价格会对配额价格形成冲击，而碳价水平的下降容易拉低排放企业的减排意愿，对此一个典型的应对策略是限制抵消信用的使用数量或抵消比例。另一方面，抵消项目的认证、管理与履约过程相对复杂，且项目的建设、审批和最后交付过程均存在不确定性，容易产生较高的行政成本与风险。

2. 履约制度

配额履约是整个碳交易周期的最终环节。在进入履约清缴期前，控排企业会获得政府实际配发的碳配额，若发放额度高于经核查的年度排放量，企业可将剩余配额出售或预留至下一履约周期使用；若额度低于实际排放量，则需通过交易购入配额或核证减排量进行抵消。在获得足量配额后，控排企业需要在履约期内向主管部门上缴不少于经核查年度排放量的排放配额或核证减排量。

控排企业可以采用以下三种方式完成履约义务。其一，企业通过改进技术降低排放，使实际排放量低于配额额度。根据配额分配方法，企业获得的免费配额数量取决于历史排放水平或行业碳强度，若通过技术改进降低排放强度使之低于历史排放水平或行业基准值，则可以产生免费配额的剩余，但是技术改进的前期投入成本较高，且由技术投入向效率提升的转化相对缓慢。其二，企业可以通过交易购买碳配额。这种方式虽然直接成本最高，但企业购买配额数量没有上限制约，在市场有充足配额的情况下，企业可以完全通过购买配额满足履约需求。其三，企业可以通过购买或自主开发自愿减排项目获得抵消信用进行履约。

对于强制性碳市场而言，纳入管理的企业必须按期足额完成配额履约。强制性碳市场通过法律规范、行政处罚等强制性手段约束排放企业参与配额交易与履约，以确保整体减排目标的实现。企业承担履约义务需要付出额外的减排成本，这会在一定时期内降低企业参与碳交易的意愿，为提高企业的减排积极性、保证企业的履约质量，主管部门需要设计一定的激励与处罚制度。激励制度包括允许纳入企业优先申报减排资助项目、对积极参与碳交易并按时足额履约的企业在安排财政性专项资金时将给予优先支持等。处罚制度包括对违规的控排企业、第三方机构及其他责任主体实行经济处罚与行政处罚。经济处罚通常是处以一定额度的罚款或扣除一定比例配额，行政处罚包括取消政策优惠资格、取消财政资金资助、将违规行为记入信用记录等。

第三章
中国碳市场的制度设计

中国的碳交易制度建设是一个逐步推进的过程，通过试点工作积累经验，不断完善相关政策和法规，最终建立起全国碳排放权交易市场。中国碳市场的制度设计以科学的理念和方法为指导，通过设定合理的碳排放总量控制目标，建立健全的市场交易机制，推动企业积极参与减排行动。同时，在制度设计中注重政策的协同性和监管的有效性，确保碳市场的平稳运行和目标的实现。在碳交易制度框架下，碳市场既发挥了市场机制的调节作用，又确保了减排目标的实现。本章在政策分析的基础上对我国试点碳市场、非试点地区碳市场及全国碳市场的制度设计进行系统梳理，以展示不同碳市场的制度特点。

第一节　试点碳市场的制度设计

我国"十二五"规划纲要中明确提出"逐步建立碳排放交易市场，推进低碳试点示范"，为国内碳交易试点市场的建立奠定了合法性基础。2011年10月，国家发展改革委发布《关于开展碳排放权交易试点工作的通知》，提出在北京市、天津市、上海市、重庆市、湖北省、广东省和深圳市开展碳排放权交易试点，标志着中国正式进入试点碳市场的建设阶段。2013年6月，中国首个碳交易试点市场在深圳正式成立，随后其他试点碳市场亦陆续启动。

一、深圳碳市场

1. 政策支持

深圳碳市场是中国最早成立的试点碳市场。2012年10月,深圳市人大常委会通过《深圳经济特区碳排放管理若干规定》,作为国内首个专门针对碳排放管理的地方性法律法规,该规定为碳交易制度的设立与推广做出了重要的示范,并为深圳碳市场的运行提供了法律保障。2014年3月,深圳市政府出台了《深圳市碳排放权交易管理暂行办法》,针对碳排放量化、报告与核查、碳配额管理、履约、交易及监督等制度设计予以明确规定,为碳排放管理与碳交易运行提供了规范性指导。在《深圳经济特区碳排放管理若干规定》与《深圳市碳排放交易管理暂行办法》的基础上,深圳市发展改革委、市场监督管理局及深圳排放权交易所相继出台了多项地方标准与规范性文件,包括抵消信用管理规定、温室气体量化报告与核查指南、排放权交易所交易规则及风险控制管理细则等。

2. 制度设计

在覆盖范围方面,深圳碳市场是覆盖行业范围最为丰富的试点碳市场,在启动初年覆盖了26个具体行业。截至2022年,深圳碳市场共覆盖工业、交通、通信互联网等领域的34个行业。由于纳入市场的多数行业排放水平相对较低,为了保证地区减排目标的实现,深圳试点设置了七个试点中最低的纳入门槛,规定年均碳排放总量超过3000吨的排放实体均须被纳入控排范围,因此深圳碳市场覆盖的控排企业数量也保持在较高水平。

在总量设置上,由于纳入企业排放水平相对较低,深圳碳市场的配额总量在七个碳市场中排于末位。深圳碳市场先整体设定了2013—2015年的配额总量(共1亿吨),随后逐年设定年度配额总量。配额总量约束类型为强度总量,与地区的减排目标类型相一致。

在配额管理方面，深圳碳市场的配额由既有设施配额和储备配额两部分构成，既有设施配额包括预分配配额与调整分配的配额，储备配额主要包括新进入者储备配额与价格平抑配额。在分配方法的选择上，深圳试点采取了基准线法与历史强度法相结合的混合方式。具体而言，对电力、水力等产品单一的行业采取基准线法核算配额，对非单一产品的行业，以行业历史碳强度基准值为基础设定行业配额总量，并允许企业自行申报配额参与博弈。

深圳碳市场的交易产品主要包括碳配额和中国核证自愿减排量（CCER）两种，目前尚未开展碳金融衍生品交易。交易主体包括控排企业、投资机构和个人投资者，且境外投资者也可参与交易。交易的方式主要包括电子竞价、定价点选和大宗交易三种，电子竞价即通过所内交易系统公开挂牌竞买竞卖；定价点选则是按限定价格申报并按时间先后顺序点选（见表3-1）。

表3-1 深圳碳市场制度设计

制度	基本要素	具体内容
覆盖范围	纳入行业	制造业、电力、供水、燃气、交通、通信互联网等34个行业
	覆盖气体	二氧化碳
	企业数量	721家（2019年）
	纳入门槛	企业年二氧化碳排放总量3000吨及以上 公共建筑1万平方米及以上
总量设置	配额总量	2014年：0.33亿吨 2023年：0.28亿吨
	总量类型	强度总量

续表

制度	基本要素	具体内容
配额管理	配额构成	既有设施配额、储备配额（新进＋价格平抑）
	分配方法	基准线法：大部分电力、水力、建筑行业 历史强度法：部分电力、制造业
MRV 制度	核查服务	企业自费
	抽查/复查	随机抽查、重点检查
交易规则	交易产品	配额 SZEA、抵消信用 CCER 等
	交易方式	电子竞价、定价点选、大宗交易
	交易平台	深圳排放权交易所
	交易主体	控排企业、投资机构与自然人、境外投资者
履约规则	抵消限制	对不同类型 CCER 项目的地域限制各不相同
	抵消比例	不超过年度碳排放量的 10%
激励处罚	激励机制	优先申报资助项目、优先申请绿色信贷等融资服务
	处罚机制	虚构捏造数据、未完成履约义务：以配额差额的三倍罚款 阻碍核查工作、泄露信息或数据、违法交易等：罚款五万元到十万元

二、上海碳市场

1. 政策支持

2012 年 7 月，上海市政府发布《关于本市开展碳排放交易试点工作的实施意见》，提出建立碳市场试点的政策目标、制度安排及工作进度。2012 年 10 月，上海市发展改革委出台了《上海市温室气体排放核算与报告指南(试行)》，为碳排放数据管理工作形成了规范性指导。2013年11月，上海市政府发布《上海市碳排放管理试行办法》，上海市发展改革委印发《上海市2013—2015年碳排放配额分配和管理方案》，对总量控制、监测、报告与核查制度、配额清缴与抵消机制、交易规则等制度安排及阶段性配额分配方案做出了明确规定。2015年后的每个履约年度，上海市发展改革委均会出台该年度的碳排放配额分配方案，对配额的分配方法进行及时更新调整。2014年，上海市发展改革委出台了上海市碳排放核查第三方机构管理暂行办法，并于2020年对该文件进行了修订，为规范第三方机构核查工作提供了政策支持。此外，试点碳市场的交易平台上海环境能源交易所还发布了一系列规范性文件，为交易管理、风险控制及违规违约处理提供了规范参考。

2. 制度设计

在覆盖范围方面，上海试点碳市场覆盖了能源、工业、交通、建筑四个类别下共计28个具体行业。由于不同行业排放水平存在较大差距，上海试点针对能源、工业与其他行业设置了差异化的纳入门槛。在开市初期，上海碳市场覆盖的控排企业数量不足200家，随着碳市场的逐渐发育完善，市场容量得到一定程度的扩张。

在纳入企业数量总体上升的趋势下，上海碳市场的配额总量却呈现总体下降的趋势，由2014年约1.6亿吨的总量水平下降至2022年的1亿吨水平。上海碳市场配额总量约束虽呈现出显著的收紧，但其采取的仍是与地区减排目标类型一致的强度总量目标，并未设置固定的年度总量下降基准。

上海碳市场的配额总量由既有设施配额和新增设施配额两部分构成，在每个履约年度，先根据既有设施排放量预分配年度配额，至清缴期前核准实际排放量后再对差额进行补发。在分配方法的选择上，上海碳市场对基准线法、历史排放法和历史强度法均有应用,包括对产品类型单一的电力等行业采取基准线法,对多数工业行业采取历史排放法,以及对难以统一排放基准的航空等行业采取历史强度法。上海碳市场在启动初期充分考虑了企业的先期减排行动,设置了先期减排配额,此外还采取了灵活的基准年设定方案。

上海碳市场主要的交易产品为碳配额和中国核证自愿减排量(CCER),此外还开展了金融衍生品交易的探索。2023年,上海完成了国内首单实物交割的碳配额远期交易,同时还落地首单远期跨期套利交易。上海碳市场交易主体包括控排企业、投资机构,交易的方式主要包括挂牌交易、协议转让两种。上海碳市场的挂牌交易是指在规定时间内通过交易系统进行买卖申报,并由系统进行单向逐笔配对的公开竞价交易方式;协议转让是指交易双方通过电子系统完成报价、询价与确认成交的交易方式(见表3-2)。

表3-2 上海碳市场制度设计

制度	基本要素	具体内容
覆盖范围	纳入行业	电力、热力、石化、钢铁、化工、有色、建材、纺织、造纸、橡胶、化纤、建材、供水、航空、港口、铁路等28个行业
	覆盖气体	二氧化碳
	企业数量	313家(2019年)
	纳入门槛	电力、工业:企业年二氧化碳排放总量2万吨及以上 其他行业:企业年二氧化碳排放总量1万吨及以上
总量设置	配额总量	2014年:约1.6亿吨 2022年:1亿吨
	总量类型	强度总量

续表

制度	基本要素	具体内容
配额管理	配额构成	既有设施配额、新增设施配额
	分配方法	基准线法：电力、热力、汽车玻璃 历史排放法：其他工业、公共建筑 历史强度法：航空、港口、水运、自来水
MRV制度	核查服务	政府购买
	抽查复查	复查（排放、核查报告有异等情况）
交易规则	交易产品	配额SHEA、抵消信用CCER、碳远期
	交易方式	挂牌交易、协议转让等
	交易平台	上海环境能源交易所
	交易主体	控排企业、投资机构
履约规则	抵消限制	无明确限制
	抵消比例	不超过当年核发配额量的5%
激励处罚	激励机制	优先提供融资支持、财政专项资金支持、优先申报资金支持项目
	处罚机制	（控排企业）未履行报告、核查、履约义务：罚款、行政处罚 （第三方机构）出具虚假报告、重大错误、泄密：罚款 （交易所）违反信息公开、报送要求等：罚款 （公共部门）谋取不当利益、违规泄密等：行政处罚、追究刑事责任

三、北京碳市场

1. 政策支持

2013年11月，北京市发展改革委发布了《关于开展碳排放权交易试点工作的通知》，对碳交易试点建设的总体安排、基本流程与各参与方职责做出明确规定，并在附件中一并发布了《北京市企业（单位）二氧化碳排放核算和报告指南（2013版）》《北京市碳排放权交易核查机构管理方法（试行）》《北京市碳排放权交易试点配额核定方法（试行）》等指导性文件。2013年12月，北京市人大常委会通过了《关于北京市在严格控制碳排放总量前提下开展碳排放权交易试点工作的决定》（以下简称《决定》），标志着北京成为继深圳后第二个出台碳排放权交易地方性法规的试点。《决定》对实行碳排放总量控制、碳配额管理、碳交易制度、碳排放报告和第三方核查制度等内容做出原则性规定。此外，北京绿色交易所发布了碳排放交易规则及其配套细则，为所内交易行为形成了规范性指导。

2. 制度设计

在覆盖范围方面，北京试点碳市场将纳入行业确定为电力、热力、水泥、石化、交通运输、服务业、其他工业七个部分。北京碳市场在开市初期的纳入门槛相对较高，因此覆盖的控排企业以工业企业为主；2016年后，北京放宽了控排企业纳入门槛，且允许能耗超过基准值的企业自愿进入碳市场，这使纳入企业数量得以翻倍，市场容量得到了充分扩张。

由于北京碳市场纳入的服务业等中低排放企业数量居多，因此配额总量水平在试点碳市场中相对较低。配额总量由既有设施配额、新增设施配额和调整量三个部分构成，其中调整量不高于年度配额总量的5%，用于重点排放单位配额调整及市场调节。北京市发展改革委制定了"分别核定、分别发放"的原则，在每年年中发放当年既有设施配额，次年完成实际排放量核定后,在履约清缴前发放新增设施配额与配额调整量。

在配额分配方法的选择上,北京碳市场对既有设施与新增设施采取了不同的分配方法。北京试点对电力和热力企业采取了历史强度法,对于制造业和其他工业等则采取历史排放法计算既有设施配额;对于新增设施则统一采取基准线法。后期北京试点对部分行业的配额计算方法进行了调整,如将电力行业的配额计算方法改为基准线法。

北京碳市场主要的交易产品包括碳配额、中国核证自愿减排量(CCER)、林业碳汇和绿色出行减排量等。此外北京试点还开展了多种金融衍生品交易的探索,譬如2015年,中信证券与北京京能碳资产管理有限公司签署了国内首笔碳掉期合约;2016年,北京绿色交易所签署了国内首笔场外碳期权合约,完成了两万吨的碳配额期权交易。在交易方式的设计上,北京试点首先公布了场外市场的交易规则,提出关联交易及大宗交易等情形必须采取场外交易方式,并首次创设了整体竞价、部分竞价和定价交易三种公开交易的方式,为控排企业参与碳交易提供了灵活的选择方案(见表3-3)。

表3-3 北京碳市场制度设计

制度	基本要素	具体内容
覆盖范围	纳入行业	电力、热力、水泥、石化、交通运输、服务业、其他工业
	覆盖气体	二氧化碳
	企业数量	415家(2013年);843家(2019年)
	纳入门槛	2013—2015年:固定设施年二氧化碳排放总量1万吨及以上 2016年至今:固定和移动设施年二氧化碳排放总量5000吨及以上

续表

制度	基本要素	具体内容
总量设置	配额总量	2014年：约0.5亿吨
	总量类型	强度总量
配额管理	配额构成	既有设施配额、新增设施配额、调整量
	分配方法	历史强度法：电力（2017改为基准线法）、热力 历史排放法：制造业、其他工业等 基准线法：新增设施
MRV制度	核查服务	2014年：政府购买 2015年后：企业自费
	抽查复查	抽查、现场调查
交易规则	交易产品	配额BEA、经审定的项目减排量、碳期权、碳掉期
	交易方式	公开交易（整体竞价、部分竞价、定价交易）、协议转让
	交易平台	北京绿色交易所
	交易主体	控排企业、投资机构、个人投资者
履约规则	抵消限制	对CCER、林业碳汇等在项目类型和项目地域方面均有限制
	抵消比例	不超过当年核发配额量的5%
激励处罚	激励机制	财政专项资金优先支持、金融机构对接服务、先进适应技术推介支持
	处罚机制	对未按规定报告、核查、履约的控排企业根据情形（从重、一般、从轻）进行罚款

四、广东碳市场

1. 政策支持

2012年9月，广东省政府出台《广东省碳排放权交易试点工作实施方案》，对碳交易的总体与阶段性安排、主要任务及保障措施做出总体部署。2013年11月，广东省发展改革委发布《广东省碳排放权配额首次分配及工作方案（试行）》，对纳入企业、初始配额总量和配额分配方法做出详细说明。此后每个履约年度，广东省发展改革委均会对应碳排放配额分配方案进行更新，并对该年度控排企业与新增企业名单进行披露。2014年1月，广东省人民政府发布《广东省碳排放管理试行办法》，对碳排放信息报告与核查、配额发放与交易管理、市场监督与法律责任等内容做出明确规定。此外，国家发展改革委发布了二氧化碳排放信息报告指南及核查规范，为报告与核查工作做出规范性指导，并在后续年度对上述地方标准文件进行了更新。除政府规章与地方标准外，广州碳排放权交易所还发布了碳排放权交易规则、核证减排量交易规则与交易风险控制管理细则，对配额及抵消信用的交易主体、交易场所与交易方式等内容做出明确规定。

2. 制度设计

在覆盖范围方面，由于高排放工业企业集中，广东碳市场的纳入行业类别相对单一，前期仅覆盖电力、钢铁、石化和水泥四个高排放行业，2017年后才新增了造纸和民航两个行业。同时，广东碳市场设定了较高的纳入门槛，要求纳入企业年均碳排放总量在2万吨以上，此标准直至试点市场电力企业转入全国碳市场后才向下调整。

由于纳入企业多为高排放工业企业，广东碳市场的配额总量在七个试点碳市场中排名首位，2014至2020年配额总量始终保持在4亿吨左右的水平，随着覆盖企业数量的变化采取小幅度调整。在2021年试点碳市场电力企业纳入全国碳市场后，配额总量大幅下降至 2.65 亿吨的水平。

广东碳市场的配额总量由既有设施配额与储备配额两部分构成，储备配额包括新建项目配额和市场调节配额，市场调节配额包含了少量的有偿分配配额。广东试点要求首次纳入碳交易的控排企业需先购买一定数量的有偿配额，之后才能参与免费配额分配。在配额分配方法的选择上，由于广东碳试点的纳入行业比较集中，因此采取了同行业内历史排放法与基准线法混合的计算方法；对于 2017 年后新纳入碳市场的行业，则采取了历史强度法进行配额分配。

广东碳市场主要的交易产品包括碳配额、中国核证自愿减排量（CCER）和广东省碳普惠制核证减排量（PHCER）。此外广东试点还创新开发了生态补偿核证自愿减排量（STCER），并开展了碳远期交易的探索。广东碳市场交易主体包括控排企业、投资机构及个人投资者，交易的方式主要包括挂牌点选、协议转让两种。广州碳排放权交易所的挂牌点选是指交易参与人提交卖出或买入挂单申报，意向受让方或出让方通过查看实时挂单列表，点选意向挂单完成交易的交易方式；协议转让是指非个人类交易参与人通过协商达成一致并通过交易系统完成交易的方式（见表 3-4）。

表 3-4　广东碳市场制度设计

制度	基本要素	具体内容
覆盖范围	纳入行业	电力、钢铁、石化、水泥。2017 年新增：造纸、民航
	覆盖气体	二氧化碳
	企业数量	242 家（2019 年）
	纳入门槛	2013—2021 年：企业年二氧化碳排放总量 2 万吨及以上 2022 年至今：企业年二氧化碳排放总量 1 万吨及以上

续表

制度	基本要素	具体内容
总量设置	配额总量	2014年：4.08亿吨 2021年：2.65亿吨
	总量类型	强度总量
配额管理	配额构成	既有设施配额、储备配额（新建项目+市场调节）
	分配方法	基准线法：电力、水泥、钢铁行业的大部分生产流程 历史排放法：电力、水泥钢铁行业的小部分生产流程；石化 历史强度法（2017年）：部分电力和造纸
MRV制度	核查服务	政府购买
	抽查复查	复查、抽查
交易规则	交易产品	配额GDEA、CCER、PHCER、STCER、碳远期
	交易方式	挂牌点选、协议转让等
	交易平台	广州碳排放权交易所
	交易主体	控排企业、投资机构、个人投资者
履约规则	抵消限制	非水电、非化石能源利用项目，70%以上省内减排
	抵消比例	不超过当年实际碳排放量的10%
激励处罚	激励机制	优先申报资金项目、优先享受专项资金扶持
	处罚机制	（控排企业）未按规定履行报告、核查、履约义务：罚款、扣除配额 （第三方机构）出具虚假报告、泄露商业秘密：罚款 （交易所）违反信息公开、风险管理制度：罚款 （公共部门）谋取不当利益、违规泄密等：行政处罚、追究刑事责任

五、天津碳市场

1. 政策支持

2013年2月，天津市政府出台《天津市碳排放权交易试点工作实施方案》，对建设试点碳市场的重点任务做出概括性的部署。2013年12月，天津市发展改革委发布《关于开展碳排放权交易试点工作的通知》，对碳排放监测、报告及碳配额管理工作做出明确规定，并在附件中发布钢铁、电力、化工等纳入行业的碳排放核算、报告指南及碳配额分配方案。同时天津市政府还发布了《天津市碳排放权交易管理暂行办法》，对配额管理与交易，碳排放监测、报告与核查，监管与激励等制度安排做出详细规定，并分别在2016年、2018年和2020年对《天津市碳排放权交易管理暂行办法》做出更新。除政府规章与地方标准外，天津碳排放权交易所还制定了碳排放权交易规则、交易风险控制管理办法及交易结算细则等交易所规范性文件，为碳交易的实施形成了多重保障。

2. 制度设计

在覆盖范围方面，天津碳市场的纳入行业相对集中，前期仅纳入电力、热力、钢铁、化工、石油、油气开采六个高排放行业，2019年后又新增了造纸、航空和建材三个行业。由于覆盖行业均为高排放工业行业，天津碳市场始终将纳入门槛设置为较高水平。通过限制行业与门槛，天津试点将碳市场控制在了较小的规模。

天津碳市场虽然纳入企业数量偏少，但配额总量水平与上海碳市场较为接近。在2021年全国碳市场开市后，天津试点内20余家电力企业纳入全国碳市场进行交易，试点配额总量开始显著收紧。

在配额管理方面，天津试点的配额总量由既有设施配额和调整配额共同构成。在每个履约年度，先根据既有设施排放量50%的水平预分配当年配额，至清缴期前核准实际排放量后再发放对应的调整配额。在配额分配方法的设计上，天津试点充分考虑了行业减排潜力、先期减排行动等因素。一方面，在历史排放法中引入了行业控排系数和绩效系数，以奖励企业的先期减排努力；另一方面，在使用基准线法时设置了基准值的年度下降系数，保障了总量约束的严格性。此外，随着纳入行业与产出方式的变化及排放测量手段的改进，天津碳市场在2019年将电力等行业的分配方式调整为历史强度法。

天津碳市场的交易产品包括碳配额和中国核证自愿减排量（CCER）两种，交易主体包括控排企业、国内外投资机构及个人投资者，交易方式主要包括拍卖交易和协议转让两种。拍卖交易是指多个意向受让方对同一标的物按照拍卖规则及加价幅度出价，并按"价格优先，时间优先"原则确定最终受让方的交易方式。协议交易是指项目挂牌期只产生一个符合条件的意向受让方或双方进行自主线下协议后，交易者通过协商方式签订交易合同完成交易的方式（见表3-5）。

表 3-5 天津碳市场制度设计

制度	基本要素	具体内容
覆盖范围	纳入行业	电力、热力、钢铁、化工、石油、油气开采。2019年新增：造纸、航空、建材
	覆盖气体	二氧化碳
	企业数量	113家（2019年）
	纳入门槛	企业年二氧化碳排放总量2万吨及以上
总量设置	配额总量	2014年：1.6亿吨 2022年：0.75亿吨
	总量类型	强度总量

续表

制度	基本要素	具体内容
配额管理	配额构成	既有设施配额、调整配额
	分配方法	基准线法：电力、热力、热电联产 历史排放法：钢铁、化工、石化、油气开采、航空 历史强度法（2019年）：电力、热力、热电联产、造纸、建材
MRV制度	核查服务	政府购买
	抽查复查	复查（排放、核查报告有异等情况）
交易规则	交易产品	配额TJEA、抵消信用CCER等
	交易方式	拍卖交易、协议转让等
	交易平台	天津碳排放权交易所
	交易主体	控排企业、国内外投资机构、个人投资者
履约规则	抵消限制	二氧化碳项目、无地域限制
	抵消比例	不超过当年实际碳排放量的10%
激励处罚	激励机制	融资支持、优先申报资金支持项目
	处罚机制	未按规定履约：扣除双倍差额配额

六、湖北碳市场

1. 政策支持

2013年2月，湖北省政府出台《湖北省碳排放权交易试点工作实施方案》，提出了建设碳交易试点的主要任务、重点工作和进度安排。2014年3月，湖北省政府发布《湖北省碳排放权管理和交易暂行办法》，对碳配额分配和管理、碳排放权交易、监测报告与核查、激励和约束机制等重要事项做出明确规定。随后,湖北省发展改革委出台了《湖北省碳排放配额投放和回购管理办法(试行)》以完善配额管理,并发布了《湖北省工业企业温室气体排放监测、量化和报告指南》与《湖北省温室气体排放核查指南(试行)》两项地方标准文件指导 MRV 相关工作。湖北碳市场在碳排放权交易实践中对远期交易模式展开了积极探索,同时湖北碳排放权交易中心制定了碳排放权现货远期交易的交易规则、风险控制管理办法、履约细则及结算细则,为丰富碳排放权交易的交易产品与交易模式提供了政策参考与经验借鉴。

2. 制度设计

在覆盖范围方面,湖北碳市场纳入的行业类型较为丰富,在开市初期共纳入了 12 个工业行业,并随后扩展至 16 个行业,覆盖了大多数工业部门。鉴于工业企业的密集分布,为了控制管理成本,湖北碳市场在初始阶段设置了极高的纳入门槛,要求纳入企业年均综合能源消费须超过 6 万吨标准煤,因此初期覆盖企业数量相对较少。随着 2017 年湖北省发展改革委对纳入门槛进行调整,纳入企业得到大幅扩充。

由于纳入企业以高排放企业为主,湖北碳市场的配额总量在七个试点碳市场中位列第二。湖北碳市场虽采用的是强度总量目标,并未对年度总量下降幅度做出强制要求,但纵观碳市场历年总量目标,仍呈现出显著收缩趋势,由 2014 年的 3.24 亿吨下降至 2020 年的 1.66 亿吨。

在配额管理方面,湖北试点的配额总量由初始配额、新增配额和政府预留配额三部分组成,其中初始配额和新增配额均为免费分配配额,政府预留配额则包含了有偿分配的配额。在分配方式的选择上,湖北碳市场强调配额事前分配与事后调整相结合,将电力、热力和水泥行业的配额分为预分配配额和调整量两部分,在事前分配阶段采用历史排放法,按前一年实际履约量的50%预分配配额，在事后调整阶段采用基准线法或历史强度法，按照企业实际生产情况核算配额并对差额进行补充分配。此外，在计算中还引入了总量调整系数与市场调节因子，以增强配额分配的灵活性。

湖北碳市场主要的交易产品包括碳配额和中国核证自愿减排量（CCER），此外湖北试点还开展了碳远期交易的探索，针对碳远期产品制定了交易规则及对应的风险控制办法、交易履约细则及交易结算细则，为碳远期交易提供了规范性指导。湖北碳市场交易主体包括控排企业、投资机构及个人投资者，现货交易方式主要包括协商议价转让、公开转让和协议转让。协商议价转让是指买方和卖方通过系统进行申报，交易系统在排序后对买卖申报完成单向逐笔配对的交易方式；公开转让是指卖方定价并发布转让信息，由买方申报并根据价格或数量优先原则达成交易的方式；协议转让是由卖方指定一个或多个买方，买卖双方场外协商签订转让协议，并在交易系统内实施交割的交易方式（见表3-6）。

表3-6 湖北碳市场制度设计

制度	基本要素	具体内容
覆盖范围	纳入行业	电力、热力、钢铁、化工、石化、有色、水泥、建材、纺织、化纤、汽车、设备制造、造纸、供水、医药、食品饮料
	覆盖气体	二氧化碳
	企业数量	138家（2014年）；373家（2019年）
	纳入门槛	2014—2016年：年综合能源消费6万吨标准煤及以上 2017—2023年：年综合能源消费1万吨标准煤及以上 2024年：温室气体年排放达到1.3万吨二氧化碳当量及以上

续表

制度	基本要素	具体内容
总量设置	配额总量	2014年：3.24亿吨 2020年：1.66亿吨
	总量类型	强度总量
配额管理	配额构成	初始配额、新增配额、政府预留配额（市场调控、竞价拍卖）
	分配方法	基准线法+历史排放法：电力、水泥 历史强度法：建材、造纸、热力、热电联产、设备制造、水生产 历史排放法：其他行业
MRV制度	核查服务	政府购买
	抽查复查	复查
交易规则	交易产品	配额HBEA、抵消信用CCER、碳远期
	交易方式	协商议价转让、公开转让（卖方定价）、协议转让
	交易平台	湖北碳排放权交易中心
	交易主体	控排企业、投资机构、个人投资者
履约规则	抵消限制	非大中型水电项目；仅限省内项目、合作省市项目
	抵消比例	不超过当年核发配额的10%
激励处罚	激励机制	设立专项资金、优先申报减排项目、金融服务支持
	处罚机制	（控排企业）未按规定履行报告、核查、履约义务：罚款 （第三方机构）出具虚假报告：罚款 （公共部门）违规、违法行为：行政处罚、追究刑事责任

七、重庆碳市场

1. 政策支持

重庆碳市场是最晚启动的碳交易试点市场，因此得以充分借鉴其余试点的建设经验。与其他试点相似，重庆碳市场形成了先整体规划、后完善细节的政策支持框架。2014 年 4 月，重庆市人大常委会发布了《关于碳排放管理有关事项的决定（征求意见稿）》（以下简称《决定》），提出建立碳排放报告和核查制度、碳排放配额管理制度、碳排放配额清缴制度及碳交易制度。同时，重庆市政府出台了《碳排放权交易管理暂行办法》（以下简称《暂行办法》），对《决定》中提出的制度安排做出了明确规定。在《暂行办法》废止后，重庆市政府于 2023 年出台了《重庆市碳排放权交易管理办法（试行）》，对"温室气体重点排放单位"等内容做出调整。此外，重庆市发展改革委连续发布了多项细则文件与地方标准，包括《重庆市碳排放配额管理细则（试行）》《重庆市工业企业碳排放核算报告和核查细则（试行）》《重庆市企业碳排放核查工作规范（试行）》等。此外，重庆联合产权交易所制定了碳交易细则、违规违约处理办法、信息管理办法、风险管理办法及结算管理办法等交易所规范性文件，为企业参与碳交易提供了制度保障。

2. 制度设计

在覆盖范围方面，重庆碳市场前期纳入行业较为集中，仅纳入电力、钢铁、有色、建材、化工、造纸、航空七个高排放行业，因此纳入门槛也相对较高，要求纳入企业年均碳排放总量在两万吨及以上。全国碳市场开市后，重庆碳市场重新出台了《碳排放配额分配实施方案》和《重庆市碳排放配额管理细则》，对纳入行业与门槛进行了全面调整，将覆盖范围扩展至水泥、电解铝等 17 个行业，纳入门槛也向下放宽。重庆碳市场在制度设计中将六大主要温室气体全部纳入了交易范围，但在实践中较少涉及二氧化碳以外温室气体排放，且其他温室气体排放采用等量法转换为碳排放配额进行交易。

重庆碳市场启动较晚，前期在制度设计上偏向绝对总量控制，仅考虑既有设施配额，并设定了严格的总量逐年下降 4.13% 的标准，而后调整为随国家发布碳排放下降目标而定的强度总量目标。

重庆碳市场前期的配额构成仅包含既有设施配额，在分配方式上采用的是政府总量控制与企业自主申报结合的模式，由企业根据历史排放自主申报配额数量，并由政府根据配额总量进行调节。2023 年重庆市生态环境局对配额管理细则进行更新，将配额总量分成既有配额和预留配额两部分，并根据生产线（生产工序）确定配额分配方法，企业获得的配额总量由各生产线（生产工序）配额量加总得到。具体而言，对水泥行业的熟料生产工序和电解铝生产工序采用行业基准线法；对产品不超过两种且产品碳排放强度可计算并有可比性的生产工序，采用历史强度法分配配额；不满足上述方法要求的其余生产工序采用历史排放法分配配额；对非二氧化碳温室气体排放相应采用等量法分配配额。

重庆碳市场的交易产品包括碳配额、中国核证自愿减排量（CCER）和重庆"碳惠通"项目自愿减排量（CQCER）三种，交易主体包括控排企业、投资机构和自然人，交易方式以协议交易为主。这里的协议交易是指交易参与人通过交易所交易系统进行买卖申报，与对手方达成合意，并经交易系统确认成交的交易方式，如表 3-7 所示。

表 3-7 重庆碳市场制度设计

制度	基本要素	具体内容
覆盖范围	纳入行业	前期：电力、钢铁、有色、建材、化工、造纸、航空 2023 年：水泥、钢铁、电解铝等 17 个行业

续表

制度	基本要素	具体内容
覆盖范围	覆盖气体	二氧化碳、甲烷、一氧化二氮、氢氟碳化物、全氟化碳、六氟化硫
	企业数量	195家（2019年）；308家（2023年）
	纳入门槛	2013—2020年：企业年二氧化碳排放总量2万吨及以上 2021年至今：企业年二氧化碳排放总量1.3万吨及以上
总量设置	配额总量	2014年：1.25亿吨 2017年：0.97亿吨
	总量类型	2014—2015年：绝对总量 2016年：强度总量
配额管理	配额构成	既有配额、预留配额（2023年）
	分配方法	前期：企业自主申报 2023年水泥熟料生产、电解铝生产：基准线法 产品不超过两种的生产线：历史强度法 其余生产线：历史排放法 其他温室气体：等量法
MRV制度	核查服务	政府购买
	抽查复查	复查
交易规则	交易产品	配额CQEA、抵消信用CCER、CQCER
	交易方式	协议交易
	交易平台	重庆碳排放权交易中心
	交易主体	控排企业、投资机构、自然人

续表

制度	基本要素	具体内容
履约规则	抵消限制	非水电项目、本市减排量不低于60%
	抵消比例	不超过当年应清缴配额量的8%
激励处罚	激励机制	优先融资支持
	处罚机制	三年内不得享受财政补助资金和参与评先评优活动等

第二节　非试点碳市场与全国碳市场的制度设计

试点碳市场充分发挥了"先试先行"的试验作用，为碳交易制度的推广积累了丰富的经验。为了进一步拓宽碳交易制度的应用范围，探索不同地区与产业环境下碳市场的运作方式，我国于2016年先后在四川和福建两个非试点地区建立了碳交易市场，对不同的碳交易模式展开了实践检验。随着区域碳市场建设愈发成熟，以及对低碳发展的追求日益迫切，我国于2017年12月启动了全国碳交易市场的建设，逐渐形成了全国碳市场与区域碳市场双轨并行的碳交易体系。

一、四川碳市场

1. 政策支持

四川碳市场是全国首个开展碳交易的非试点区域碳市场。四川省蕴藏着丰富的林草碳汇资源，在参与国际碳市场清洁发展机制项目交易阶段，其获国家批准项目数量和减排量均位居全国前列。为了深度参与国内碳交易市场，2016年四川省在"十三五"规划纲要中提出探索建立西部碳排放权交易中心，同年4月四川联合环境交易所由国家发展改革委正式批准备案，获得中国核证自愿减排量（CCER）交易资质，成为国内首个非试点地区温室气体自愿减排交易机构。2016年8月，四川省发展改革委发布《四川省碳排放权交易管理暂行办法》，对配额管理、市场交易、核查与履约、自愿减排项目管理与交易等相关制度做出规划。2017年5月，四川省政府发布《四川省控制温室气体排放工作方案》，进一步明确了建设西部碳排放权交易中心的相关工作。为规范交易行为，四川联合环境交易所相继发布了碳排放权交易规则、交易结算细则、信息披露细则、违规违约处理及纠纷调解实施细则、检查稽核管理办法等多项交易所规范性文件。

2. 制度设计

由于四川并非碳交易试点省份，没有进行区域内的配额分配，因此制度设计暂未涉及覆盖范围、总量约束、配额分配、履约与抵消等方面的内容。四川碳市场目前交易产品仅限于中国核证自愿减排量（CCER），交易主体包括省内、外重点排放单位及符合交易规则规定的机构和个人。

四川碳市场的交易方式包括定价点选、电子竞价和大宗交易三种，其中定价点选是指交易一方按照限定价格在系统中进行委托申报，其他交易人通过点选该委托响应交易的方式。电子竞价，是指交易发起方设定一定的交易条件并通过交易所挂牌发布电子竞价公告的交易方式，当交易发起方为卖方的，按价格向上走高正向竞价；交易发起方为买方的，按价格向下走低逆向竞价。大宗交易，是当单笔交易数量超过一万吨二氧化碳当量时，发起方和响应方通过交易系统提交意向申报并确认成交的方式，如表3-8所示。

表 3-8 四川碳市场制度设计

制度	基本要素	具体内容
MRV 制度	核查服务	政府购买
	抽查复查	复查
交易规则	交易产品	抵消信用 CCER
	交易方式	定价点选、电子竞价和大宗交易
	交易平台	四川联合环境交易所
	交易主体	省内、外重点排放单位及符合交易规则规定的机构和个人
激励处罚	激励机制	融资支持
	处罚机制	（重点排放企业）未按规定提交排放、核查报告：限期改正（第三方机构）出具虚假报告、重大错误、泄密：罚款等（交易所）违反信息公开、报送要求等：赔偿、追究刑事责任等（公共部门）谋取不当利益、违规泄密等：责令改正、追究刑事责任等

二、福建碳市场

1. 政策支持

福建碳市场是我国最晚成立的区域性碳市场。福建省森林覆盖率居全国首位，为了推动森林碳汇资源的效益转化，福建省于 2016 年年初展开温室气体排放报告与核查工作，探索建立省内碳交易市场。2016 年 8 月，国务院发布《国家生态文明试验区（福建）实施方案》，提出"支持福建省深化碳排放权交易试点，设立碳排放权交易平台，开展碳排放权交易，实现与全国碳排放权交易市场的对接""支持福建省开展林业碳汇交易试点，研究林业碳汇交易规则和操作办法，探索林业碳汇交易模式"。同年9月福建省政府相继出台《福建省碳排放权交易管理暂行办法》和《福建省碳排放权交易市场建设实施方案》，对碳市场建设的目标规划与制度安排做出详细说明。随后，福建省政府及省发展改革委发布了碳排放权交易配额管理实施细则、碳排放权抵消管理办法、第三方核查机构管理办法、市场信用信息管理实施细则、市场调节实施细则等配套管理细则，为碳交易制度的运行形成了充分的支撑与保障。

2. 制度设计

在覆盖范围方面，福建碳市场纳入了电力、钢铁、化工、石化、有色、民航、建材、造纸、陶瓷共九个行业，覆盖了大多数工业部门。福建碳市场前期的纳入门槛与上海和重庆试点保持了一致的水平，随着2020年试点市场的发电企业转入全国碳市场，为了保证市场的活跃度，福建碳市场适当放宽了纳入门槛要求，保证了控排企业数量的稳定。虽然并未对年度总量下降幅度做出强制要求，但福建碳市场总量目标仍呈现出明显的收缩趋势，由2019年的2.26亿吨下降至2020年的1.16亿吨。

在配额管理方面，福建碳市场的配额总量由既有项目配额、新增项目配额和市场调节配额三部分组成，其中既有项目配额、新增项目配额均为免费分配配额。在分配方式的选择上，福建碳市场采用了基准线法和历史强度法混合的分配方式，对于发电、水泥、电解铝、玻璃等产品单一行业采用基准线法计算配额，对于其他产品复杂难以统一排放基准的行业采取历史强度法计算配额。同时福建碳市场还独创了配额调整机制，针对不同排放水平设置了配额盈余或缺口的上限，有效避免了企业的极端生产行为，并在一定程度上减轻了高排放强度企业的履约压力。

福建碳市场主要的交易产品包括碳配额和中国核证自愿减排量

(CCER),此外福建还因地制宜开发了林业碳汇减排量(FFCER),并明确规定必须优先使用FFCER进行抵消。福建碳市场交易主体包括控排企业、投资机构及个人,交易方式包括挂牌点选、单向竞价、协议转让和定价转让。挂牌点选交易方式下,交易双方以申报方的申报价格和应价方的报价数量达成交易。定价转让是在约定的时间内由符合条件的意向受让方提交定价申购申报,最终达成一致并成交的交易方式。单向竞价即拍卖方式,交易系统按照"价格优先、时间优先"的原则取每个意向受让方的最高报价和拟受让数量,将出让标的按照价格从高到低分配给意向受让方。协议转让是在双方协商一致下由一方通过交易系统提出申报,另一方通过交易系统确认后完成交易(见表3-9)。

表3-9 福建碳市场制度设计

制度	基本要素	具体内容
覆盖范围	纳入行业	电力、钢铁、化工、石化、有色、民航、建材、造纸、陶瓷
	覆盖气体	二氧化碳
	企业数量	277家(2016年);293家(2022年)
	纳入门槛	2016—2019年:年综合能源消费1万吨标准煤及以上 2020年至今:年综合能源消费5000吨标准煤及以上
总量设置	配额总量	2019年:2.26亿吨 2022年:1.16亿吨
	总量类型	强度总量
配额管理	配额构成	既有项目配额、新增项目配额、市场调节配额
	分配方法	基准线法:发电;部分建材、有色、航空(2020年) 历史强度法:电网(2021年改为基准线法)、钢铁、造纸、民航、陶瓷,部分有色、石化和建材

续表

制度	基本要素	具体内容
MRV 制度	核查服务	政府购买
	抽查复查	抽查
交易规则	交易产品	配额 FJEA、抵消信用 CCER、福建林业碳汇减排量 FFCER
	交易方式	挂牌点选、单向竞价、协议转让、定价转让
	交易平台	福建海峡股权交易中心
	交易主体	控排企业、投资机构、个人
履约规则	抵消限制	非水电项目；省内排放量；仅限二氧化碳、甲烷的项目减排量
	抵消比例	不超过当年实际排放量的 10%
激励处罚	激励机制	优先申报资金项目
	处罚机制	（控排企业）未按规定履行报告、核查、履约义务：罚款、扣除配额（第三方机构）出具虚假报告、泄露商业秘密等：罚款等（交易所）违反信息公开、风险管理制度：罚款、民事赔偿、追究刑事责任（公共部门）谋取不当利益、违规泄密等：行政处罚、追究刑事责任

三、全国碳市场

1.政策支持

2013 年，党的十八届三中全会将发展环保市场、推行碳排放权交易制度作为全面深化改革的重要任务之一；2014 年，国家发展改革委出台《碳排放权交易管理暂行办法》，进一步从制度层面明确了全国碳市场建设的整体布局，标志着全国碳市场进入前期政策设计阶段。2017年12月18日，国家发展改革委发布《全国碳排放权交易市场建设方案（发电行业）》（以下简称《方案》），提出以发电行业为突破口，率先启动全国统一的碳排放权交易体系，并对碳市场的建设进行了整体规划。由此，非试点地区的重点排放单位得以逐步纳入全国碳市场，碳交易开始从地方试点推广至全国范围。

全国碳市场的成立可以划分为基础建设、模拟运行和深化完善三个重要阶段。按照《方案》的部署，2018年为全国碳市场的基础建设阶段，关键任务在于建立健全制度体系、建设基础支撑系统及开展能力建设。在这一阶段，生态环境部先后出台了《碳排放权交易管理办法（试行）》、碳排放权登记、交易、结算等管理制度，以及温室气体排放核算、核查等技术规范，并制定了市场启动初期阶段的配额分配实施方案。全国碳市场的基础支撑系统包括全国统一碳排放权交易系统和注册登记系统，分别由上海市和湖北省负责搭建。同时，各地方政府积极开展数据质量的管理工作，诸如数据核算、报告和核查等基础建设加速跟进。随着相关基础工作逐渐完善，2019年全国碳市场进入模拟运行阶段，主要开展发电行业的配额模拟交易。这一阶段国家组织开展了发电行业碳排放配额试算工作，梳理确定了首批纳入全国碳排放交易市场的重点排放单位名单，并组织纳入全国碳市场的发电企业完成了开户、测试运行等工作。2020年9月22日，习近平主席在第七十五届联合国大会上正式提出了碳达峰、碳中和的目标，与此同时，碳市场建设也进入深化完善阶段。生态环境部相继发布了《碳排放权交易管理办法（试行）》和《2019—2020年全国碳排放交易配额总量设定与分配实施方案（发电行业）》，对碳交易的纳入门槛、配额分配方式、抵消机制与处罚规则做出了明确规定。2024年1月，国务院发布《碳排放权交易管理暂行条例》，以行政法规的形式对碳交易的全流程做出综合性的规定。

2.制度设计

全国碳市场初期覆盖的行业均为电力行业，超过两千家电力企业率先被纳入全国碳市场交易。各试点碳市场原有电力企业均转至全国碳交易系统进行统一管理，同时试点与非试点地区碳市场继续发挥"先试先行"的功能，并在未来逐步向全国碳市场过渡。在纳入门槛方面，为了在保证覆盖企业数量的同时合理控制交易成本，全国碳市场设定的门槛标准略高于试点碳市场的平均水平。

全国碳市场的配额总量设定与分配实施方案是基于强度控制原则设计的，并未限制企业温室气体排放量绝对下降，而是基于产出量设计配额总量。对于电力企业而言，产出（供电量）越大获得配额便越多，如此不会对电力生产总量形成约束，故而不会对电力保供产生直接影响。同时，考虑到技术水平变化、发电机组更新等因素对碳强度的影响，结合第一履约周期配额分配实际情况与新一阶段排放核查数据，第二履约周期的配额总量与分配方案优化调整了各类机组的供电、供热基准值，以保证行业配额总量和排放总量基本相当。

在配额分配方案的设计上，全国碳市场采用了基准线法，根据发电机组类别设定对应的碳排放基准值，若企业实际发电（供热）碳排放强度低于基准值，则产出越多，获得的配额盈余越多，如此能够对企业降低排放强度形成有效的激励。全国碳市场在设计碳排放基准值时，综合考虑保障民生、优化电力结构和提高能效等因素，针对每一履约周期的排放情况进行了科学调整。

全国碳市场的交易产品以碳配额为主，中国核证自愿减排量（CCER）直至2024年才开启全国市场交易，此前仅限于地方碳市场交易与全国碳市场抵消。目前全国碳市场的交易主体仅限于重点排放企业，机构投资者与个人暂未纳入交易主体范围。全国碳市场的交易方式以协议转让和单向竞价为主。协议转让是通过协商确定交易量与交易价格等交易信息，根据交易场所不同，分为挂牌协议交易和大宗协议交易。其中，挂牌协议交易是一方通过交易系统提交买入或卖出申报，另一方根据挂牌申报展开协商并确认成交的交易方式。大宗协议交易是在一定规模数量以上，交易双方通过系统进行价格磋商并确认成交的方式。单向竞价是指交易主体向交易机构提出卖出或买入申请，交易机构发布竞价公告，多个意向受让方或者出让方按照规定报价，在约定时间内通过交易系统成交的交易方式，如表3-10所示。

表3-10 全国碳市场制度设计

制度	基本要素	具体内容
覆盖范围	纳入行业	电力
	覆盖气体	二氧化碳
	企业数量	2162家（2021年）
	纳入门槛	年综合能源消费1万吨标准煤及以上（温室气体排放约2.6万吨二氧化碳当量）
总量设置	配额总量	未公布
	总量类型	强度总量
配额管理	配额构成	既有设施配额
	分配方法	基准线法
MRV制度	核查服务	由各省级生态环境主管部门决定政府购买或企业自费
	抽查复查	复查、异地交叉检查

续表

制度	基本要素	具体内容
交易规则	交易产品	配额 CEA、抵消信用 CCER（2024年始，此前仅限于抵消）
	交易方式	协议转让（挂牌协议、大宗协议）、单向竞价等
	交易平台	上海环境能源交易所、北京绿色交易所
	交易主体	重点排放企业
履约规则	抵消限制	2025 年起旧 CCER 不能用于全国碳市场抵消
	抵消比例	不超过应清缴碳排放配额的 5%
激励处罚	处罚机制	（控排企业）未按规定监测、报告、公开、履约等：罚款、责令停产（第三方机构）伪造数据、出具虚假或错误报告：罚款、取消资质（交易行为）操纵市场、扰乱市场秩序：没收违法所得、罚款

第四章
中国碳市场的发展概况

中国碳市场自启动以来，经历了不断发展和完善的过程。从试点到全国统一市场的逐步建立，市场覆盖范围逐渐扩大，行业参与度不断提高，碳交易活跃度逐渐提升，配额价格也更合理地体现了市场供需。中国碳市场已成为全球规模最大的碳市场之一，为实现碳达峰、碳中和目标提供了有力支撑，也在国际碳市场中占据着重要地位，展现出中国积极应对气候变化的决心和努力。本章将对试点碳市场与全国碳市场的运行与履约情况进行全面描绘，以清晰呈现我国碳交易体系的发展态势。

第一节 试点碳市场的运行与履约情况

一、试点碳市场的配额交易情况

1. 深圳碳市场

深圳碳市场纳入的行业种类较多，且覆盖企业数量在试点碳市场中位于前列。但从控排企业的行业结构来看，第三产业数量居多。这些企业大多不具备大型的排放规模与减排经验，同时对碳资产管理、碳减排技术方面缺乏系统认知，因此企业投入碳市场的积极性相对较低。随着控排企业中第三产业比重越来越高，同时作为碳排放大户的工业企业陆续被转移出省外，深圳碳市场的成交量在较长一段时间处于低谷，直至2021年才再次回升。

2014—2023年深圳试点碳市场碳配额线上交易成交量与成交额变化趋势如图4-1所示，其中折线图表示深圳试点碳市场成交额随时间变化趋势，柱状图表示深圳试点碳市场成交量随时间变化趋势。由图4-1可知，深圳试点碳市场成交量与成交额的变化趋势基本一致，成交量的波动幅度略高于成交额的波动幅度，这意味着成交量增加的同时配额价格可能相对偏低。从整体来看，深圳碳市场的配额成交量与成交额呈先升后降再上升的变化趋势，2016年深圳碳市场年成交量与成交额达到峰值，并在当年出现单日400万吨的成交量，为所有试点碳市场单日成交量的最大值，但随后成交量骤然降低，直到2021年重新回弹，其原因可能在于配额需求的增加及价格的回升提升了碳市场的活跃度。

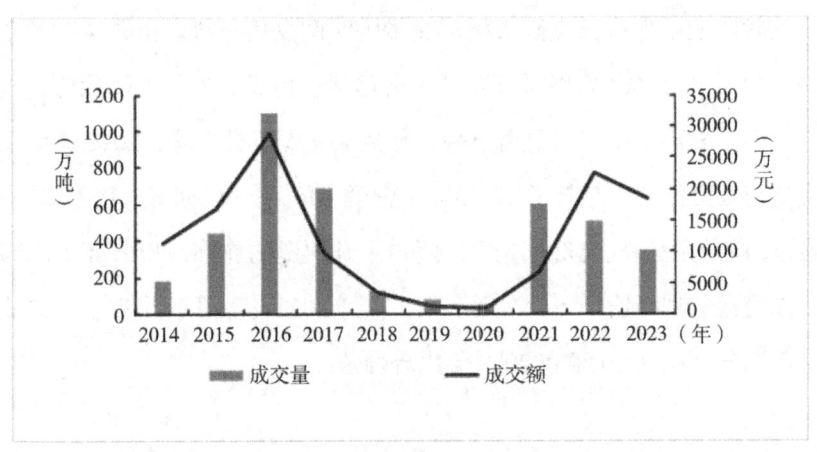

图4-1　2014—2023年深圳试点碳市场碳配额线上交易成交量与成交额变化趋势
资料来源：iFinD同花顺数据库。

2. 上海碳市场

上海碳市场自启动以来长期保持平稳运行。上海市的金融要素齐全、金融基础设施完备、金融人才资源聚集、金融监管体系成熟，以及上海市政府高度重视碳市场建设，强调企业的碳资产管理，这些要素为上海碳市场的发展提供了有力支持，使上海碳市场保持着较高的活跃度。上海碳市场的交易主体超过 1800 家，其中投资机构约占 70%，投资机构的广泛参与提升了市场的活跃度与碳资产流动性，其专业性与信息优势也提高了碳市场的透明度与信息披露水平，在一定程度上降低了碳市场的风险。除配额交易以外，上海碳市场的 CCER 交易也最为活跃，成交量占比近 40%，长期位居全国第一。同时，上海试点在碳金融产品与服务方面展开了积极探索，推出了碳远期金融产品，并探索使用碳质押、碳回购、碳信托等融资工具，提升了碳市场的活跃性与抗风险能力。

2014—2023 年上海试点碳市场碳配额线上交易成交量与成交额变化趋势如图 4-2 所示，其中折线图表示上海试点碳市场成交额随时间变化趋势，柱状图表示上海试点碳市场成交量随时间变化趋势。由图 4-2 可知，2014—2016 年上海碳市场成交量呈上升趋势，但成交额呈下降趋势，这意味着此期间配额价格出现显著下降，导致成交额不升反降；2017 年后配额成交量与成交额变化趋势基本一致，说明配额价格开始回升。从整体来看，上海碳市场的配额成交量呈先升后降再上升的变化趋势，2016 年上海碳市场年成交量达到峰值，随后波动下降，直到 2022 年又再次出现上升趋势；成交额则分别在 2019 年和 2023 年出现峰值。

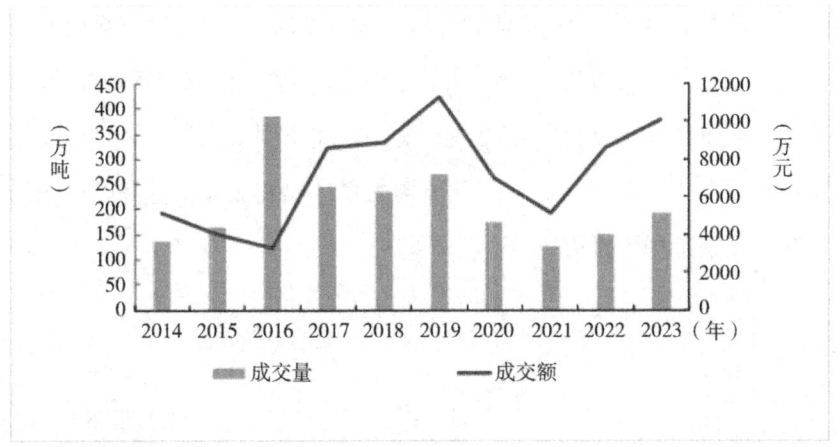

图 4-2 2014—2023 年上海试点碳市场碳配额线上交易成交量与成交额变化趋势
资料来源：iFinD 同花顺数据库。

3. 北京碳市场

北京碳市场参与交易的控排企业数量居试点碳市场的首位，覆盖的排放企业范围广、类型多，配额需求量大，企业的交易意愿相对较高，同时北京碳市场对未履约企业设置了较为严格的违约处罚，有助于约束企业重视交易并积极参与，因此市场活跃度长期保持在较高水平。除配额交易外，北京碳市场的 CCER 交易也较为活跃，成交量占比约 10%，在试点碳市场中排第三位。同时，北京碳市场在碳金融产品与服务方面展开了积极探索，推出了碳期权、碳掉期等碳金融衍生品，并探索使用碳质押、碳回购等融资工具，提升了碳市场的活跃度与价格发现能力，保障了碳市场的平稳运行。

2014—2023 年北京试点碳市场碳配额线上交易成交量与成交额变化趋势如图 4-3 所示，其中折线图表示北京试点碳市场成交额随时间变化趋势，柱状图表示北京试点碳市场成交量随时间变化趋势。由图 4-3 可知，北京试点碳市场成交量与成交额的变化趋势基本同频，总体呈现出先升后降再上升的变化趋势。2014 年至 2019 年，北京碳市场配额成交量与成交额总体呈上升趋势，并于 2019 年达到峰值；随即 2020 年成交量与成交额均大幅下降，2021 年又再度回升；此后成交量再次下降，但成交额却继续上升，意味着配额价格整体上涨。值得注意的是，北京碳市场和上海碳市场累计成交量相差仅 100 万吨，但北京碳市场的累计成交额却是上海碳市场的两倍，在试点碳市场中排第三位。

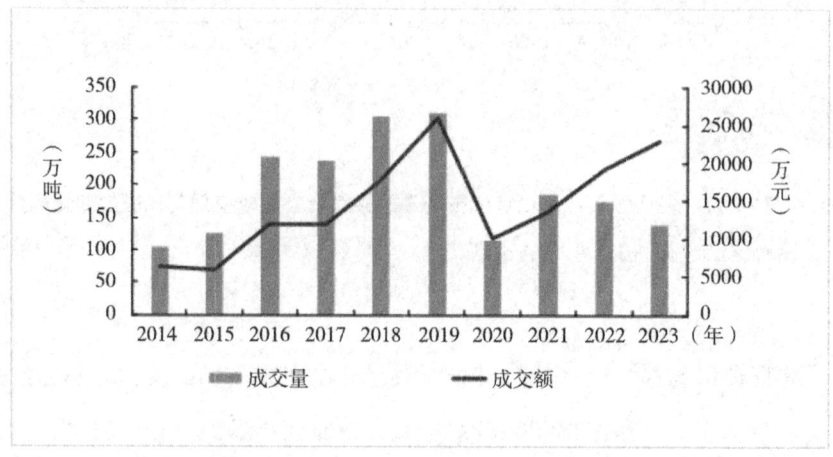

图 4-3　2014—2023 年北京试点碳市场碳配额线上交易成交量与成交额变化趋势
资料来源：iFinD 同花顺数据库。

4. 广东碳市场

广东碳市场的碳排放规模居试点碳市场的首位，由于纳入市场的企业以高排放的工业企业为主，企业对碳配额的需求量相对较高。除了控排企业外，广东碳市场同时对机构和个人投资者开放，多元化的市场参与者使广东碳市场的交易更为活跃。广东碳市场是试点碳市场中配额有偿拍卖最为频繁的市场，拍卖能够充分发挥价格发现的功能，吸引了更多参与者，有效提高了市场的活跃度。除配额交易外，广东碳市场的 CCER 交易也较为活跃，成交量占比约 16%，在试点碳市场中排第二位。广东碳市场还开发了碳普惠产品（PHCER），带动了更多减排实体进入碳市场，并为市场主体提供了更多的交易选择。此外，广东碳市场在碳金融产品与服务方面展开了积极探索，推出了碳远期、碳指数等碳金融衍生品，并探索使用碳质押、碳回购、碳托管等融资与支持工具，提升了碳市场的价格发现能力，保障了碳市场的平稳运行。

广东碳市场累计配额成交量与成交额均居试点碳市场首位。2014—2023年广东试点碳市场碳配额线上交易成交量与成交额变化趋势如图4-4所示，其中折线图表示广东试点碳市场成交额随时间变化趋势，柱状图表示广东试点碳市场成交量随时间变化趋势。由图4-4可知，广东碳市场的配额成交量在2016年和2020年出现峰值，具体来看，2014—2016年广东碳市场配额成交量大幅上升，随后两年总成交量有所回落；2018年后成交量再次回升，并于2020年达到峰值；之后由于电力企业转入全国碳市场，市场容量相对缩小，成交量随之持续下降。广东碳市场成交额的变化与成交量并不一致，2014—2022年，广东碳市场成交额呈持续上升的趋势，仅在2023年出现一定程度的回落。

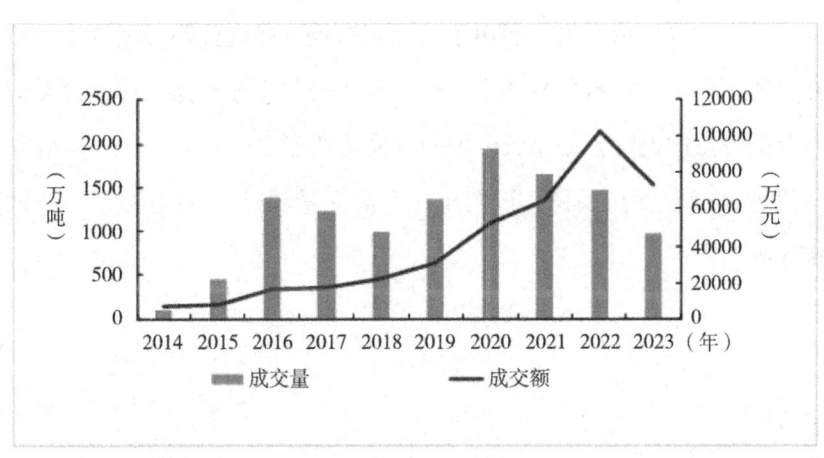

图4-4　2014—2023年广东试点碳市场碳配额线上交易成交量与成交额变化趋势
资料来源：iFinD同花顺数据库。

5. 天津碳市场

天津碳市场纳入企业数量相对较少，偏小的市场规模虽节约了管理成本，同时也限制了市场的活跃程度。与其他试点碳市场相比，天津碳市场的交易活跃度总体偏低，特别是在碳市场开市的前六年，总成交量仅 300 万吨，远低于其他试点碳市场。且 2018 年、2019 年天津碳市场配额交易陷入极度低迷，两年内配额成交量仅个位数水平，直到 2020 年成交量才开始大幅上升。

2014—2023 年天津试点碳市场碳配额成交量与成交额变化趋势如图 4-5 所示，其中折线图表示天津试点碳市场成交额随时间变化趋势，柱状图表示天津试点碳市场成交量随时间变化趋势。由图 4-5 可知，天津试点碳市场成交量与成交额的变化趋势基本一致，在 2019 年以前配额成交量与成交额均处于较低水平，直至 2020 年成交量与成交额出现大幅上涨并达到峰值，随后开始回落，并于 2023 年再度回升。天津碳市场在开市初期本具有较高的活跃度，最初四个交易日平均线上成交量约 4300 吨，高于其他试点的同期成交量，但由于天津碳市场宽松的配额分配方法导致企业在履约期内大多持有配额盈余，因此缺乏交易意愿。随着配额总量的收紧与分配方法的调整，天津碳市场的交易活跃度出现显著提升，2020 年后交易迅速回暖并保持平稳，近四年线上成交量超过 1700 万吨，位居试点碳市场第三位。

第四章 中国碳市场的发展概况

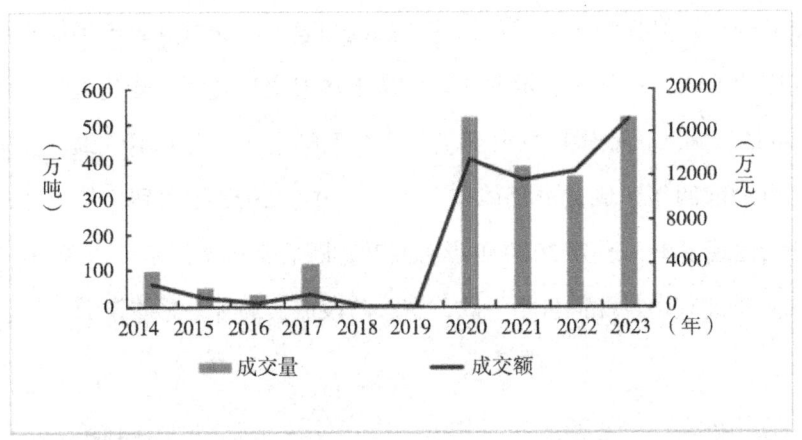

图 4-5　2014—2023 年天津试点碳市场碳配额线上交易成交量与成交额变化趋势
资料来源：iFinD 同花顺数据库。

6. 湖北碳市场

湖北碳市场是我国中部地区唯一一个试点碳市场，其碳排放规模仅次于广东，控排企业多为排放水平较高的工业企业。除了控排企业外，还有900余家合格投资机构参与碳交易，形成了多元化、多层次的市场主体结构，有效提高了湖北碳市场的活跃度。尽管湖北在碳交易领域的探索相对较晚，但开市后配额成交量长期领先于其他试点碳市场，具有强劲的后发优势。在全国碳市场开市后，湖北碳市场开始进一步转型，通过设立中碳资管公司，加强了碳服务、碳金融和碳投资建设。在交易产品方面，湖北尝试开发了碳远期、碳指数金融衍生品；在碳金融服务方面，湖北建设了"鄂绿通"平台助推融资并协助完成排放审定等工作，同时开发了碳质押、碳回购、碳结构性存款、碳信托、碳资产证券化等融资工具，对碳市场形成了有力的金融支持。

湖北碳市场累计配额成交量与成交额在各试点碳市场中位列第二，仅次于广东碳市场。2014—2023 年湖北试点碳市场碳配额线上交易成交量与

· 87 ·

成交额变化趋势如图 4-6 所示，其中折线图表示湖北试点碳市场成交额随时间变化趋势，柱状图表示湖北试点碳市场成交量随时间变化趋势。由图 4-6 可知，湖北试点碳市场成交量与成交额的变化趋势基本一致。在碳市场开市的前四年，成交量整体波动上升，并于 2017 年达到峰值，随后两年开始出现下滑，直到 2020 年再次回升，随后又再次回落；由于 2016 至 2018 年湖北碳市场配额价格下跌，这一阶段成交额水平总体较低。

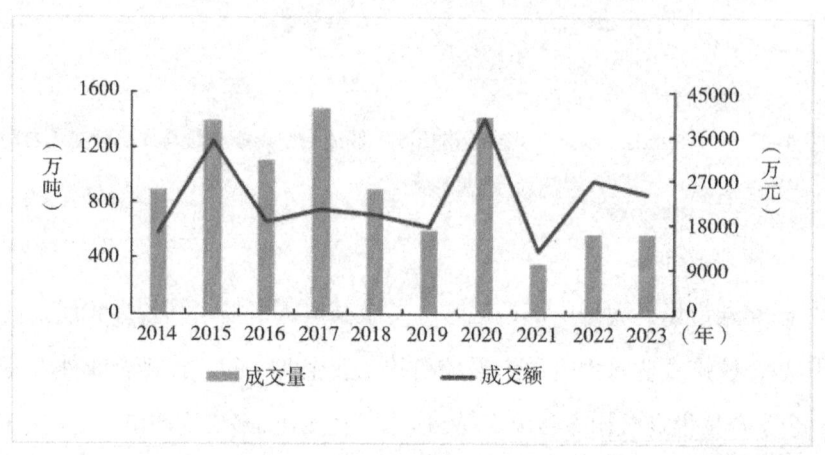

图 4-6 2014—2023 年湖北试点碳市场碳配额线上交易成交量与成交额变化趋势
资料来源：iFinD 同花顺数据库。

7. 重庆碳市场

重庆碳市场是唯一一个前期采取绝对总量控制方式的试点碳市场，由于前期主要通过企业协议申报的方式进行配额分配，较为宽松的分配方式使得企业缺乏交易积极性。同时，重庆碳市场的参与主体范围局限于工业企业，扣除"关停并转"退出和转入全国碳市场的电力企业后剩余控排企业仅 100 余家，参与主体偏少，市场流动性不足。加之重庆碳交易平台挂靠重庆联合产权交易所集团，与其他成立单独环境能源交易市场的试点相比，重庆试点缺乏独立专业机构，交易平台的申报、报告系统缺乏运营维护，导致碳市场信息披露不足，难以为交易主体提供有效的专业指导与信息支持。

重庆碳市场是七个试点中最不活跃的碳市场，累计成交量与成交额均居最后一位。2014—2023 年重庆试点碳市场碳配额线上交易成交量与成交额变化趋势如图 4-7 所示，其中折线图表示重庆试点碳市场成交额随时间变化趋势，柱状图表示重庆试点碳市场成交量随时间变化趋势。由图 4-7 可知，重庆试点碳市场成交量与成交额的变化趋势并不一致，其中成交额变动幅度较大。重庆碳市场多数年份总成交量均处于 100 万吨以下的水平，仅在 2017 年出现成交量的激增，达到近 700 万吨；成交额的峰值分别出现与 2017、2019 和 2021 年，尽管 2021 年成交量远低于 2017 年的成交量，但高位的配额价格使该年成交额显著高于 2017 年的成交额。

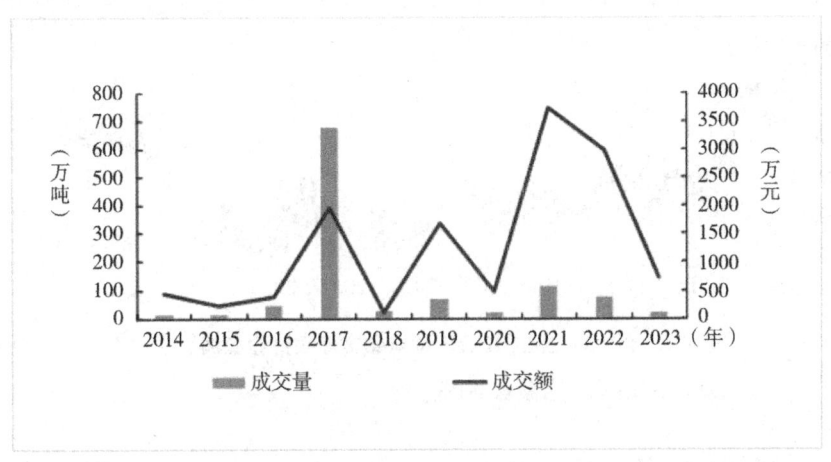

图 4-7　2014—2023 年重庆试点碳市场碳配额线上交易成交量与成交额变化趋势
资料来源：iFinD 同花顺数据库。

二、试点碳市场的配额价格波动

1.深圳碳市场

2013—2023 年深圳试点碳市场碳排放配额成交均价如图 4-8 所示。深圳是试点碳市场中价格波动最频繁且幅度最大的市场之一。从整体上看，深圳碳市场开市前期配额价格较高，随后波动下降并在低位持续震荡，直至 2022 年后再次波动上升。具体来看，深圳碳市场开市后配额价格快速上升，于 2013 年 10 月升至最高水平，每吨价格超过 120 元，随后价格大幅度下降，波动幅度接近每吨 100 元。2014 年 7 月至 2018 年 10 月配额价格维持在每吨 20 元至 50 元范围内频繁震荡，仅有个别交易日价格显著高于或低于此范围。2019 年至 2021 年价格震荡幅度继续加大，价格低位时仅维持在个位数水平。2022 年 5 月配额价格开始大幅上升，直至 2023 年后维持在每吨 60 元的水平上下波动，但波动幅度明显缓和。

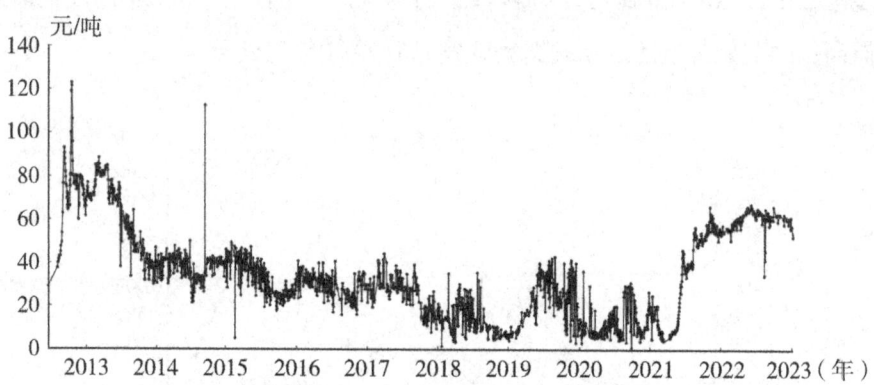

图 4-8　2013—2023 年深圳试点碳市场碳排放配额成交均价

资料来源：iFinD 同花顺数据库。

2. 上海碳市场

2013—2023 年上海试点碳市场碳排放配额成交均价如图 4-9 所示。上海碳市场的平均成交价格位列试点碳市场第二，仅次于北京碳市场。从整体上看，上海碳市场开市初期价格持续波动下降并在低位徘徊，至 2017 年开始快速回升并持续震荡，2022 年配额价格再度上涨，并持续波动上浮。具体来看，上海碳市场开市后配额价格短暂上升至 40 元以上，随后剧烈波动下降至每吨 5 元以下。2016 年配额价格在每吨 5 元至 15 元左右水平持续低位徘徊，直至年末配额价格出现大幅度回升，迅速上升至每吨 40 元左右的水平。此后配额价格长期在每吨 25 元至 45 元的价格水平上下波动，并且随着时间推移，价格波动幅度逐渐缩小。2022 年后上海碳市场配额价格再度上涨至 60 元以上，并在这一价格水平下小幅度波动上升。

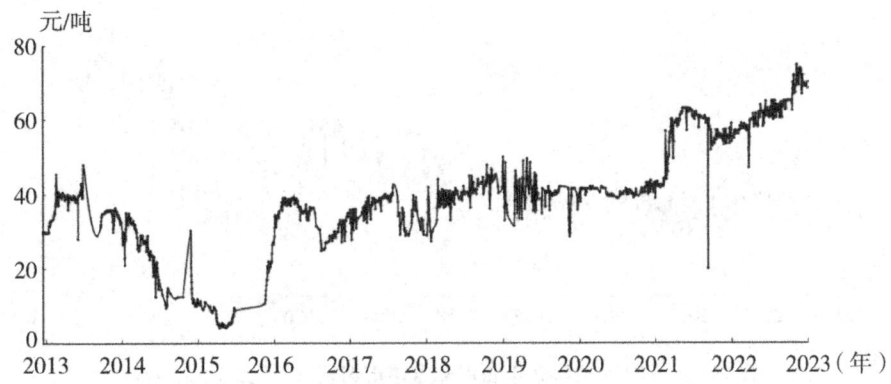

图 4-9　2013—2023 年上海试点碳市场碳排放配额成交均价

资料来源：iFinD 同花顺数据库。

3. 北京碳市场

2013—2023 年北京试点碳市场碳排放配额成交均价如图 4-10 所示。在各试点碳市场中，北京碳市场的成交价格明显高于其他试点碳市场，且始终居于首位。从整体上看，北京碳市场开市初期价格在 50 元上下小幅度震荡；随着时间推移，价格波动上升、振荡频率减小但幅度持续加大；2021 年配额价格大幅下降，并持续剧烈波动；2023 年配额价格快速回升，并持续在高位剧烈震荡。具体来看，北京碳市场自开市到 2014 年 6 月，多数交易日配额价格保持在 48 元至 57 元水平小幅度波动；此后至 2018 年 6 月，价格震荡幅度逐渐加大，在 32 元至 65 元之间大幅度波动；此后至 2020 年年末，价格水平整体上升，波动幅度进一步加大，价格最低时为每吨32元左右,最高时每吨超过102元。2021年初配额价格大幅度下降至30元以下,直到2022年年末,价格在剧烈波动中上升至每吨145元。2022年履约期结束后配额价格再度暴跌,随着履约期接近,价格又再度回升至百元以上。总的来看,北京碳市场价格波动幅度最大,价格水平也最高。

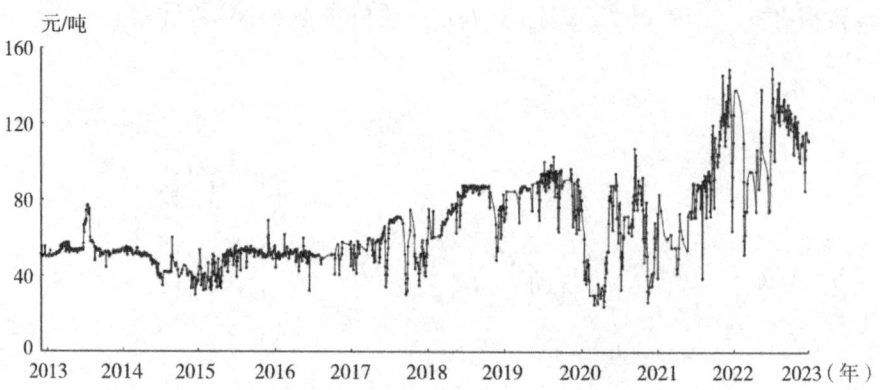

图4-10 2013—2023年北京试点碳市场碳排放配额成交均价

资料来源:iFinD同花顺数据库。

4.广东碳市场

2013—2023年广东试点碳市场碳排放配额成交均价如图4-11所示。广东碳市场与深圳碳市场的价格波动轨迹相似,呈现出一个扁平的"U形"。从整体上看,广东碳市场开市初期成交价格较高,随后大幅下降并长期在低位徘徊,直至2019年开始持续回升,并于2022年初达到峰值,之后出现了短期的暴涨暴跌,但随后逐渐回归理性调整,在高位小幅度波动。总的来看,广东碳市场开市后价格经历了短期的上涨,每吨价格达到77元,随后价格开始大幅下降。2015年6月至2018年12月配额价格始终在每吨10元至20元区间波动,直至2019年价格开始出现小幅度回升,2019年1月到2021年1月,成交均价由每吨约19元上升至每吨约30元。2021年后价格上涨幅度显著增大,并于2022年2月达到峰值每吨95元,随后一段时间价格出现大幅度震荡，7月后逐渐回归理性。2023年价格小幅度上涨后再次波动下跌，并在每吨65元上下持续震荡。

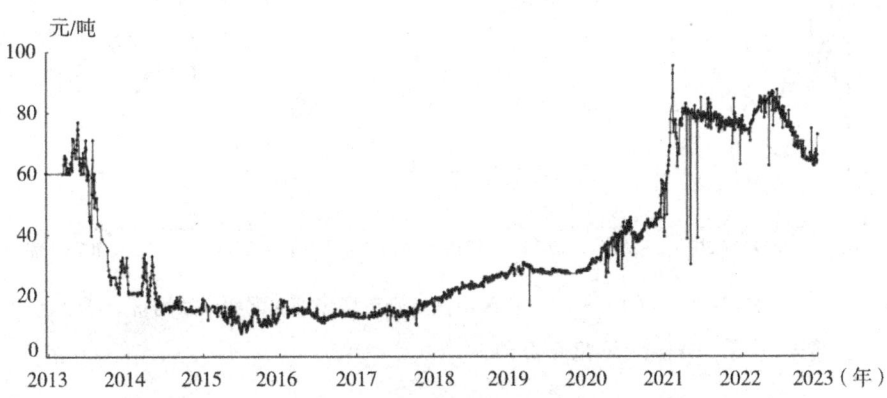

图4-11　2013—2023年广东试点碳市场碳排放配额成交均价

资料来源：iFinD同花顺数据库

5.天津碳市场

2013—2023年天津试点碳市场碳排放配额成交均价如图4-12所示。与其他碳市场相比，天津碳市场的配额平均成交价格较低，仅高于重庆碳市场。从整体上看，天津碳市场前期价格震荡下跌，2017年后因交易低迷，价格在低位持续观望；2020年后价格开始持续震荡回调，逐渐上升至30元以上的水平。总的来看，天津碳市场开市初期价格小幅度下降，随后一段时期价格出现骤升骤降，在每吨19元到50元之间持续震荡。2014年11月至2015年5月价格稳定在每吨25元左右的水平，而后价格再次下跌又逐渐回升。2016年6月价格骤降至每吨10元以下的水平，此后由于交易频率减小与成交量锐减，价格在每吨10元至15元低位观望。2020年后随着交易量的增加，成交价格快速回升。2020年7月至2023年7月，成交价格由每吨26元左右上涨至每吨40元左右。

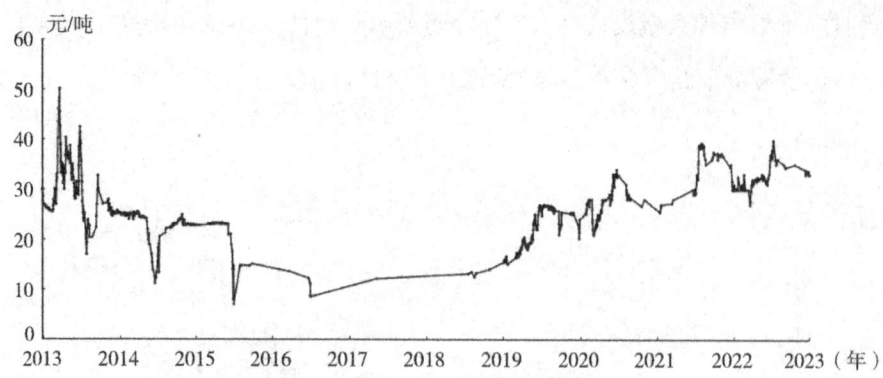

图 4-12　2013—2023 年天津试点碳市场碳排放配额成交均价
资料来源：iFinD 同花顺数据库。

6. 湖北碳市场

2014—2023 年湖北试点碳市场碳排放配额成交均价如图 4-13 所示。与其他碳市场相比，湖北碳市场的价格波动幅度最小，价格变化最为平稳。从整体上看，湖北碳市场价格呈总体上升趋势，前期价格变化平稳，2018 年后价格逐渐上涨，在达到峰值后又波动下跌；2021 年后价格再次波动上升，并在每吨 40 元至 50 元区间持续震荡。具体来看，湖北碳市场开市后成交均价持续在每吨 20 元至 30 元区间小幅度波动，直至 2016 年 4 月价格开始逐渐下降。2016 年 4 月至 2018 年 6 月，成交均价保持在每吨 10 元至 20 元区间小幅度波动；2018 年 8 月价格快速回升至每吨 30 元，并在此水平小幅度震荡；2019 年 6 月价格骤升至每吨 54 元，随后又逐渐回落。2021 年 7 月后价格开始波动上升，并于 2022 年 2 月达到峰值每吨 61.9 元；此后价格保持在每吨 37 元至 49 元区间内小幅度变化。

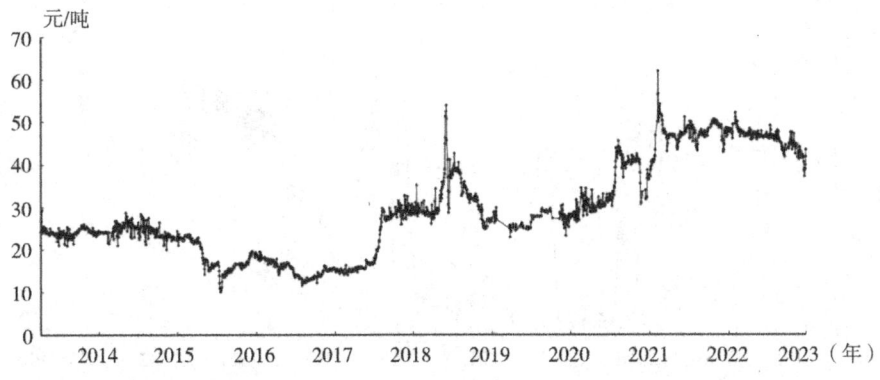

图 4-13 2014—2023 年湖北试点碳市场碳排放配额成交均价
资料来源：iFinD 同花顺数据库

7. 重庆碳市场

2014—2023 年重庆试点碳市场碳排放配额成交均价如图 4-14 所示。与其他碳市场相比，重庆碳市场的配额平均成交价格最低，且有较长一段时间价格始终在个位数水平徘徊。从整体上看，重庆碳市场自开市后价格便持续下跌，此后经历两次较大幅度的震荡，但多数交易日价格均在低位徘徊；2019 年年末价格开始震荡回弹，逐渐上升至每吨 40 元以上；2022 年下半年价格再次大幅回落，直至 2023 年履约清缴将至才逐渐回升。总的来看，重庆碳市场开市后价格逐渐从每吨 30 元下降至 3 元；2016 年 8 月价格骤升至每吨 47.5 元，随即再次骤降至 10 元以下。2017 年 4 月至 12 月成交价格始终在 5 元以下低位徘徊，直至 2018 年 1 月再次回升至 30 元以上水平，后又再次回落至 10 元以下。2019 年年末成交价格开始快速回升，2020 年 4 月达到峰值每吨 44.9 元，随后再次回落；2020 年 12 月开始成交价格再次波动上升，直至 2022 年 6 月达到峰值每吨 49 元。此后价格在震荡中回落，直至 2023 年年末才再度回升。

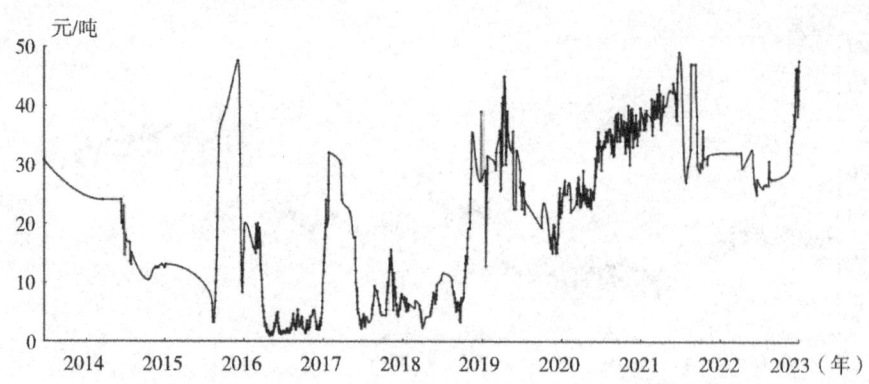

图 4-14 2014—2023 年重庆试点碳市场碳排放配额成交均价
资料来源：iFinD 同花顺数据库。

三、试点碳市场的履约与抵消情况

在履约情况方面，除了重庆碳市场因披露水平较低无法对履约率进行衡量外，其余试点碳市场均保持较高的履约率，其中上海连续 8 年履约率都达到了 100%，北京、天津试点近年来履约率也保持在 100% 水平；相对其他试点而言，深圳碳市场的履约率略低一些，在多个年度均有企业未能按期履约。一些试点在履约时存在明显的拖延现象，特别是在前几个履约年度，譬如北京碳市场在 2014 至 2016 年共有 119 家企业未能按期履约。此外，受新冠疫情等特殊原因的影响，一些企业难以在规定期限内完成配额履约，对此，北京、上海、广东、湖北等试点自 2020 年开始将履约期限进行延长，以保障企业有充足的时间进行配额交易与清缴。经历多个年度的履约周期，各试点碳市场在实践中不断积累经验教训，也更注重对配额履约的管理，总体来看，各试点从第一个履约年度发展至今，履约率均有所提升，2020 年各试点碳市场全部按期完成履约（见表 4-1）。

表 4-1　2013—2020 年度试点碳市场履约情况

碳市场	2013 年	2014 年	2015 年	2016 年	2017 年	2018 年	2019 年	2020 年
深圳	631/635（99.4%）	634/636（99.7%）	635/636（99.8%）	803/811（99%）	787/794（99.1%）	758/766（99%）	704/707（99.6%）	687/687（100%）
上海	191/191（100%）	190/190（100%）	191/191（100%）	368/368（100%*）	298/298（100%）	288/288（100%）	313/313（100%）	314/314（100%）
北京	403/415（97.1%）	543/543（100%*）	551/551（100%*）	947/947（100%*）	945/945（100%）	未公布	843/843（100%）	859/859（100%）
广东	182/184（98.9%）	184/184（100%*）	186/186（100%）	244/244（100%）	246/246（100%*）	247/249（99.2%）	242/242（100%）	245/245（100%）
天津	110/114（96.5%）	111/112（99.1%）	109/109（100%）	109/109（100%）	109/109（100%）	107/107（100%）	113/113（100%）	104/104（100%）
湖北	—	138/138（100%）	168/168（100%）	236/236（100%）	344/344（100%）	未公布	未公布	332/332（100%）

注：重庆碳市场未公开披露履约情况。*表示责令限期清缴后履约率。
资料来源：根据各省市碳交所、发展改革委等网站公告整理得出。

各试点在进行配额交易的同时建立了自愿减排交易机制，以中国核证自愿减排量（CCER）交易接替清洁发展机制下的自愿减排量（CER）交易。根据广州碳排放权交易中心发布的《中国核证自愿减排量的国际化前景展望——一带一路篇》报告，截至 2023 年 7 月，国家发展改革委累计公示的 CCER 审定项目共 2871 个，其中已完成签发的项目 391 个；签发 CCER 总量超过 7700 万吨，其中约有 6000 万吨已被用于试点碳市场和全国碳市场配额履约抵消。截至 2023 年 12 月，各试点中上海碳市场的累计成交量最大，高达 1.8 亿吨，约占全国累计成交量的 39%，广州和天津位居其次；重庆的累计成交量仅有 229 万吨，在各试点中居于末位。[①]

---

① 各试点累计成交量数据来自广州碳排放权交易中心《每周碳情》简报。

第二节　全国碳市场的运行与履约情况

一、全国碳市场的配额交易情况

全国碳市场第一履约周期（2019—2020年度）与第二履约周期（2021—2022年度）均以发电行业为重点排放行业，采用以强度控制为基本思路的行业基准线法分配配额，与我国2030年前实现碳达峰的阶段目标要求相适应。根据生态环境部公布的数据，第一个履约周期全国碳市场共纳入2162家重点排放单位，年度覆盖二氧化碳排放量约45亿吨；第二个履约周期内共纳入2257家重点排放单位，年度覆盖二氧化碳排放量约51亿吨，覆盖温室气体排放量水平位列全球第一。

全国碳市场第一履约周期共运行了114个交易日，有效交易日占比达到100%。首个履约周期配额累计成交量达到1.79亿吨，累计成交额76.61亿元，参与交易的企业占总数的比例约为33%。与第一履约周期相比，第二履约周期的市场活跃度有显著提升。第二履约周期共运行了483个交易日，配额累计成交量2.63亿吨，累计成交额172.51亿元，参与交易的企业占总数的比例约为82%。综合两个周期的交易情况，第二履约周期配额成交量实现了显著上升，与首个履约周期相比增长了19%；随着配额价格的上涨，成交额更是比第一履约周期增长了89%；此外参与交易的企业数量比第一周期上涨了近50%。通过实施碳交易制度，电力行业在前两个履约周期共节约了350亿元左右的减排成本，可见碳交易通过市场化方式优化资源配置降低减排成本的作用得到了充分发挥。

全国碳市场的交易方式包括大宗协议交易和挂牌协议交易两种。截至 2023 年年底，全国碳市场累计成交量达到 4.42 亿吨，其中大宗协议交易量约 3.69 亿吨、占总成交量的 83%，挂牌协议交易量为 0.72 亿吨、占比仅 16%，配额成交量的整体走势基本与大宗协议交易量的走势一致（见图 4-15）。大宗协议成交量显著高于挂牌协议成交量，其原因可能在于大宗协议交易的涨跌幅限制相较挂牌协议交易来讲明显宽松，更有利于降低企业的履约成本。从成交量的变化趋势来看，全国碳市场交易呈现出明显的"潮汐现象"，即交易集中发生于履约清缴期前后。

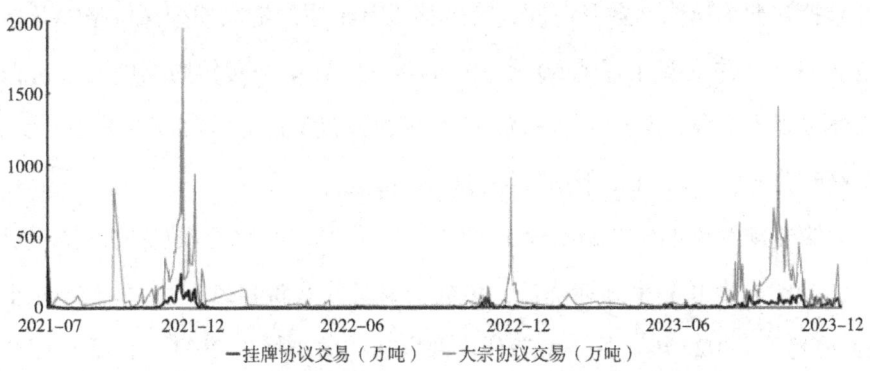

图 4-15　2021—2023 年全国碳市场碳排放配额成交量
资料来源：iFinD 同花顺数据库。

在第一履约期中，仅首日开市累计成交量达到 410 万吨，后期成交量迅速下降；随着配额清缴期限将至，碳市场流动性开始增强，成交量迅速上升并达到单日成交量的峰值。而当第二履约期开启后，市场对未来配额的预期倾向于收紧，企业开始储存配额，成交量迅速下降。2022 年 11 月，生态环境部公布了《2021、2022 年度全国碳排放权交易配额总量设定与分配实施方案（征求意见稿）》等重要政策文件，有效提振了市场信心，短期内成交量再度上升。2023年8月，上海环境能源交易所提出上线"碳排放配额21""碳排放配额22"等标明发放年份的配额产品，意味着未来可能对配额设置有效期限，一定程度上规避企业对配额的过度囤积；加上第二履约周期进入配额清缴阶段，配额成交量再度上升。从整体上看，全国碳市场的配额交易变化展现出明显的"履约期效应"。

二、全国碳市场的配额价格波动

全国碳市场的碳排放配额价格变化也明显受到履约的影响。在全国碳市场开始初期，价格波动较为频繁，配额收盘价波动下降至每吨40元左右，并维持在此价格水平数月时间，直至接近首个履约清缴期配额价格才开始快速回升，并维持在每吨60元左右的水平。在第一履约周期内配额价格总体呈现先下降、再上升的变动趋势，配额收盘价最低时为每吨41.46元，最高时为每吨58.7元，平均价格约每吨46元。

第二履约周期的初始阶段配额收盘价波动较为频繁，随着时间推移价格波动的幅度和频率逐渐降低，多数交易日收盘价格维持在每吨55元至58元上下。2023年3月，生态环境部发布《关于做好2021、2022年度全国碳排放权交易配额分配相关工作的通知》，对配额总量进行大幅收紧。随着市场上配额供给量减少加之履约期将近，配额价格自2023年6月开始波动上升，并在10月末达到峰值。在第二履约期内配额收盘价总体呈先期稳定、后期上升的趋势，配额收盘价最低时为每吨55元，最高时为每吨81.67元，平均价格约每吨64元（见图4-16）。

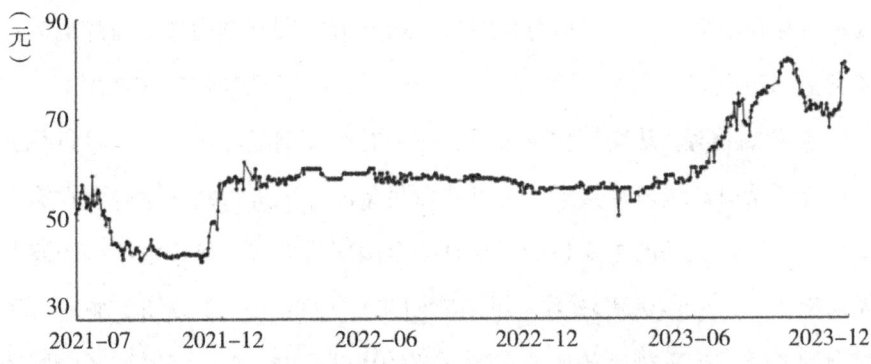

图 4-16　2021—2023 年全国碳市场碳排放配额收盘价
资料来源：iFinD 同花顺数据库。

从整体上看，第二履约周期成交均价与第一履约周期相比有明显提升，涨幅约为 40%，碳市场的碳价格发现机制初步形成。价格上涨，一是因为配额总量收缩，使得更多控排企业出现配额缺口，增加了市场需求；二是在现有配额存量有限和预期未来配额进一步缩减的情况下，企业出于未来履约考虑更加惜售；三是因为中国核证自愿减排量（CCER）存量有限，其价格上涨带动了配额价格上升。从价格波动情况来看，第二履约周期交易日内价格波动与全阶段价格波动均与第一履约周期相比更为稳定，一定程度上反映出全国碳市场日渐成熟，交易状态积极向好的形势。

三、全国碳市场的履约与抵消情况

全国碳市场目前共经历了两个完整的履约周期，其中第一履约周期为期一年，针对 2019 至 2020 年度的碳排放进行配额履约；第二履约周期为两年，针对 2021 至 2022 年度的碳排放进行配额履约。第一履约周期内共有 2011 家重点排放单位参与了配额的交易与履约[①]，其中有 847 家重点排

[①]　北京市、天津市、广东省已参与地方碳市场2019年、2020年配额发放与清缴，故不参与全国碳市场第一履约周期配额分配与清缴；另有151家企业因关停、符合暂不纳入配额管理条件等原因，未实际发放全国碳市场配额。

放单位存在配额缺口，缺口总量约为 1.88 亿吨；履约期内碳排放配额累计成交量 1.79 亿吨，另外，有 3273 万吨中国核证自愿减排量（CCER）被用于配额清缴抵消。从交易情况来看，第一履约周期配额成交量与重点排放单位配额缺口总量较为接近，可见获取足量的配额进行履约是企业在第一履约周期进行交易的主要目的。根据《全国碳排放权交易市场第一个履约周期报告》，全国碳市场第一履约周期共有 1833 家企业按期足额完成了配额的清缴，按碳排额的履约量计，履约率达到 99.5%；按照期限内履约企业数量统计，共有 178 家企业未能按时足额完成配额清缴，按期足额履约率为 91.1%。从未履约企业占比来看，东北和西部地区企业占比偏高，中部和东部占比相对较低，可见企业的履约情况与地区的经济发展水平存在一定关联。

2021 年 10 月，生态环境部发布《关于做好全国碳排放权交易市场第一个履约周期碳排放配额清缴工作的通知》，要求"确保 2021 年 12 月 15 日 17 点前本行政区域 95% 的重点排放单位完成履约，12 月 31 日 17 点前全部重点排放单位完成履约"。11 月中旬至 12 月初，各省市主管部门开始将配额发放至各控排企业账户，由于第一履约周期排放核查与配额核发的时间相对较晚，从配额下发到履约清缴期限截止仅不足一个月，导致一些控排企业缺乏足够时间交易获得足量配额。2022 年 2 月，生态环境部发布《关于做好全国碳市场第一个履约周期后续相关工作的通知》，要求"重点排放单位生产经营场所所在地设区的市级生态环境主管部门于 2022 年 2 月 28 日前完成本行政区域未按时足额清缴配额重点排放单位的责令限期改正，依法立案处罚"。

相比于第一履约周期，第二履约周期的履约清缴时间提前了一个月左右。2023 年 3 月，生态环境部发布《关于做好 2021、2022 年度全国碳排放权交易配额分配相关工作的通知》，要求"确保 2023 年 11 月 15 日前本行政区域 95% 的重点排放单位完成履约，12 月 31 日前全部重点排放单位完成履约"。政策发布后各省市纷纷开启了配额履约清缴工作，其中上海率先于 10 月 18 日完成履约，随后广东、海南、青海等省也陆续完成配额履约。按照政策要求，全国碳市场在 2023 年 11 月 15 日前完成了 95% 以上的履约工作，相较第一个履约期提前了一个月的时间，整体来看，第二履约期履约效率有所提升。

第五章
金融支持碳市场的原理与方法

碳市场的有效运行离不开金融的支持。金融主体的参与有助于提高碳市场的流动性和效率，使碳资产能够更顺畅地交易和流转。金融支持可以为碳市场引入更多的资金和投资，促进碳减排项目的发展和实施，推动低碳技术的创新和应用。同时，金融支持还能增强碳市场的价格发现功能，合理反映碳排放的成本和价值，引导资源向低碳领域配置，助力实现碳减排目标。本章从气候风险管理理论和功能金融理论入手，阐释金融支持碳市场的理论基础；并对金融主体参与碳市场的方式展开讨论，解释金融支持碳市场的作用路径与主要形式。

第一节 金融支持碳市场的理论基础

一、气候风险管理理论

随着全球气候变化问题不断加剧，风险管理逐渐成为气候治理的主要研究方向之一。气候风险主要包括物理风险和转型风险。物理风险是指因气候变化造成直接经济损失的风险，譬如气候灾害对农业生产的破坏、极端天气对特定生产行为的影响等。转型风险是指经济向绿色低碳化转型带来的风险，譬如能源低碳化增加了煤炭等化石能源行业的转型压力、碳价增加了高能耗企业的排放成本。

近年来，研究逐渐聚焦于气候风险对金融领域的影响。中国人民银行在 2020 年 11 月发布的《中国金融稳定报告 2020》中将金融领域的气候风险定义为极端天气、自然灾害、全球变暖等气候因素及社会向可持续发展转型对经济金融活动带来的潜在不确定性。同理，金融领域的气候风险也可以划分为物理风险与转型风险两类。物理风险是指受极端天气或自然灾害影响，金融机构可能出现资产价值波动、金融业务中断的问题，抵押品损毁或贬值也会导致金融机构信用风险上升，同时上述问题会共同导致金融机构流动性风险增加，此外，保险理赔的增加还会导致保险公司与再保险公司的承保风险上升。转型风险是指低碳转型政策、低碳技术革新等因素对金融机构造成损失的风险，气候相关财务信息披露工作组（TCFD）对其做出进一步划分，包括法律风险、竞争风险、声誉风险等。

鉴于气候风险对金融领域存在显著影响，有学者主张对气候变化引发的金融风险展开评估，以加强对风险的防范。一些学者对其展开事前分析，譬如，Dietz 等（2016）整合了气候与经济动态综合模型（DICE）与现金流贴现模型进行仿真模拟，指出在不采用任何针对性措施的情况下，2100 年全球金融资产总价值将损失 1.8%，约合 2.5 万亿美元[1]；还有一些学者对其展开事后评估，譬如，Schlenker 等（2021）通过比较不同天气数据下的金融衍生品价格，指出短期天气变化与长期气候变暖均会对金融衍生品价格产生影响[2]；吕怀立等（2022）对我国绿色债券的碳风险溢价展开研究，指出绿色债券支持项目的碳减排量越高，收益率利差越低，从而信用风险也越低[3]。

---

[1] Dietz S, Bowen A, Dixon C, et al. "Climate Value at Risk" of Global Financial Assets[J]. Nature Climate Change, 2016(6): 676-679.

[2] Schlenker W, Taylor C. Market Expectations of a Warming Climate[J]. Journal of Financial Economics, 2021(142): 627-640.

[3] 吕怀立, 徐思, 黄珍, 等. 碳效益与绿色溢价——来自绿色债券市场的经验证据[J]. 会计研究, 2022(8): 106-120.

针对气候风险的研究表明金融工具与金融市场的创新在气候风险管理中发挥着重要作用。企业进入金融市场及运用金融工具会使其成本收益情况发生改变，从而调整生产与碳排放行为。对碳排放成本进行控制的金融工具包括绿色信贷、绿色债券及碳税，对碳排放总量进行控制的金融市场即碳交易市场。

绿色信贷是指金融机构为支持环保、减排、可再生能源等绿色产业发展而提供的信贷服务。绿色信贷通过差异化的信贷政策引导资金流向绿色产业，以激励企业采取环保措施、阻碍高污染高能耗企业规模扩张，从而推动绿色经济发展。Sun等（2019）通过双重差分方法实证检验了中国绿色信贷政策对环境的影响，认为前者能有效激励企业降低污染排放。[①]

绿色债券是指将募集资金专门用于支持符合规定条件的绿色产业、绿色项目或为这些项目进行再融资的债券工具。通过发行绿色债券，能够吸引社会资金投入绿色项目中，为绿色项目提供融资渠道。绿色债券起初发行较为有限，主要由国际组织推动，2013年后，各国政府、企业及金融机构才积极参与到绿色债券的发行行列中。Flammer（2020）利用上市公司发行绿色债券的公司层面数据，考察了发行绿色债券后公司的财务和环境绩效，认为绿色债券能够改善企业的环境足迹。[②]

碳税是针对二氧化碳等温室气体排放征收的税种。征收碳税能够提高企业碳排放成本，从而激励企业采用更清洁的技术和能源，同时碳税收入能够用来支持环保项目或进行再分配，从而推动可持续发展。作为庇古环境保护税理论在气候治理领域的应用，碳税模式得到了经济学家与国际组

---

① Sun J X, Wang F, Yin H T, et al. Money Talks: The Environmental Impact of China's Green Credit Policy[J]. Journal of Policy Analysis and Management, 2019(38): 653-683.

② Flammer C. Green Bonds: Effectiveness and Implications for Public Policy[J]. Environmental and Energy Policy and the Economy, 2020(1): 95-128.

织的普遍认可。瑞典、芬兰、丹麦等北欧国家最早开始征收碳税，其税率水平也相对较高。Lin 等（2011）采用双重差分方法对碳税在北欧五国的减排效果进行检验，认为芬兰的碳税对其人均二氧化碳排放量增长产生了显著的负面影响。[①]

碳交易市场包含了碳排放配额的交易及碳金融衍生品的交易。碳交易是科斯定理在气候治理中的应用，其基本原理在于，不同排放主体的减排成本存在差异，碳交易通过总量限制与配额分配，能够鼓励减排成本较低的企业超额减排并将剩余配额出售给减排成本较高的企业，使双方在完成既定减排目标的同时降低履约的成本。多数学者的研究肯定了碳交易的政策效果，同时研究指出碳金融工具对于碳市场的发展具有重要的支持作用。[②]

二、功能金融理论

金融体系的稳定性与效率性问题是金融研究中的一项重要课题。传统的金融理论大多站在机构金融的视角进行分析，认为金融市场中的活动主体与配套的金融规章和法律均是既定的，为了维持系统的稳定性，即使会损失效率，金融体系内出现的系统性风险、流动性风险等一系列问题也只能在既定框架下解决。这种机构金融观点存在明显缺陷，即当经营环境与技术基础等条件发生革新时，相关制度规范往往存在滞后性，反而会阻碍金融体系的有效运行。对此，Merton 等学者于 1993 年提出功能金融理论，弥补了机构金融理论的不足。

---

① Lin B Q, Li X H. The Effect of Carbon Tax on Per Capita CO_2 Emissions[J]. Energy, 2011(39): 5137-5146.

② Zhou K L, Li Y W. Carbon Finance and Carbon Market in China: Progress and Challenges[J]. Journal of Cleaner Production, 2019(214): 536-549.

功能金融理论主要提出下述两个假设。其一，金融功能比金融机构的稳定性更强。Merton等认为，随着时空变化，金融机构日异月殊，但金融功能却大致相同。其二，金融功能优于组织机构。这是因为金融机构发挥的功能要比金融组织机构本身更具有价值，金融机构只有不断完善并创新才能发挥机构本身的作用。

在上述假定下，Merton等指出应先确定金融机构须具备的功能，再建立行使相应功能的组织。具体而言，金融机构的功能主要包括三个核心部分。首先，便利清算和支付功能。金融系统通过各种支付工具和清算机制完成资金的划转和清算，以提高资金的流通效率、降低交易成本与信用风险。其次，聚集和分配资源的功能。金融体系能够聚集社会上分散的资金，并通过金融工具将其引导至不同的经济部门中实现优化配置。筹集资金的方式包括直接融资和间接融资两种，直接融资是通过金融市场完成，优点是成本低且风险分散；后者则是通过金融中介实现，虽成本较高，但更易于对资金来源实施监控。最后，风险分散功能。金融市场通过运用不同的风险管理工具能够将风险进行分摊，从而降低单个投资者的风险，在金融体系的风险管理与配置下，投资者可以自行选择其有能力承担的风险。

功能金融理论为金融支持碳市场提供了重要的理论支撑。金融功能具有相对的稳定性与效率性，若能正确发挥金融体系的功能，则可以为碳市场的稳定、高效运行构筑保障。通过市场化手段应对气候风险、处理保护与发展矛盾，碳金融是一个有效的支撑方式，其作用具体体现在如下四点。

第一，金融机构的踊跃加入能够带动碳市场的交易活跃度大幅提升。通过促进碳资产在市场中的频繁流转与交易，能够让买卖双方更容易找到合适的交易对象，进而增强碳市场的流动性。这种高度的流动性使得碳市场能够更加顺畅地运行，为碳市场的发展提供更多动力。

第二，碳金融借助金融市场中成熟且完善的价格发现机制，有利于确定更为科学、合理且准确的碳价格。碳配额价格能够真实且全面地反映出碳排放的实际成本，为碳市场的参与者提供了极具价值的参考依据。通过这一价格机制，碳金融引导着资源在不同的行业和企业之间进行更加合理的配置，推动整个经济体系向低碳化方向发展。

第三，碳金融为碳市场的参与者提供了丰富的风险管理工具，如碳期货、碳期权等。这些工具如同坚实的护盾，帮助参与者有效地抵御和对冲碳价格波动可能带来的风险，降低了因价格不确定性而导致的交易损失，增强了碳市场的稳定性和可靠性，为市场参与者提供了保障。

第四，碳金融还为碳市场的参与者提供了重要的资金融通渠道。无论是需要履行减排义务的控排企业，还是其他与碳市场相关的机构，都可以通过碳金融获得必要的资金支持，以满足他们在碳市场中的各种活动需求。充足的资金保障是推动碳市场持续发展的关键动力之一，碳金融的资金融通功能为碳市场注入了强大的能量。总而言之，碳金融在碳市场的发展过程中发挥着不可替代的支持作用。

第二节　金融支持碳市场的作用路径

一、推动减排成本收益转化

碳市场通过赋予碳排放权商品属性，使其价格信号能够促使经济主体把碳排放成本纳入投资决策考量。当碳交易规模不断扩大，碳排放权的交易活跃度和市场深度也会相应增加，其作为金融资产的特征会愈发明显。

这不仅有利于提高碳市场的运行效率，也为金融机构提供了更多的投资机会和创新空间。金融机构的参与能够推动碳价发现、提高市场活跃度、降低交易不对称，从而促进减排成本转化为收益。

首先，金融机构可以凭借其专业的分析能力和丰富的市场数据，为碳交易主体提供精准的定价服务。通过深入研究市场动态、供需关系及政策导向等因素，可以协助碳交易主体制定出合理且具有竞争力的价格，从而提高交易的收益。金融机构还可以积极发挥资源整合与优化的作用。通过整合相关的资源，包括资金、技术、信息等，为碳交易主体提供全方位的支持，优化其运营流程，减少不必要的成本支出，提高资源利用效率，从而实现成本的降低和收益的提升。

其次，金融机构的参与有利于提高碳交易市场的活跃度和流动性。投融资主体通过积极参与市场交易，促进市场的流通和交易的频繁进行，能够为碳交易主体创造更多的交易机会，如此有利于交易主体更好地实现成本收益的转化，使其在活跃的市场环境中充分发挥自身优势，获取更大的收益。

最后，金融机构会及时为碳交易主体提供市场动态和相关信息，以降低交易信息的不对称。金融机构通过持续的信息收集和分析，可以为交易主体提供最新的市场情报、政策变化等信息，帮助他们做出更理性的决策。准确的信息是碳交易主体进行成本收益管理的重要依据，金融机构的信息支持能够使他们更好地把握市场机遇，实现成本收益的有效转化。

二、提供金融中介服务

金融机构在为碳市场提供中介服务的过程中扮演着至关重要的角色，发挥着多方面的关键作用。

首先，金融机构能够发挥交易撮合的作用，在碳市场中搭建起买卖双方之间的沟通桥梁。通过运用专业的知识和广泛的网络，能够帮助碳资产的买卖双方建立联系，为双方搭建起沟通和交易的平台。这种撮合服务不仅提高了交易的效率，还促进了碳资产在市场中的流通，使市场更加活跃。

其次，金融机构还提供全面而详细的信息咨询服务。金融机构致力于收集、整理和分析与市场相关的海量信息，包括市场动态、价格走势、政策变化等方面，这些信息对于市场参与者来说具有重要的决策参考价值。金融机构会通过专业的研究分析、详尽的报告等形式，为交易主体提供有力的信息支持，使他们能够在复杂多变的碳市场中更好地把握机遇，做出理性决策。

再次，金融机构能够为碳资产提供安全可靠的托管服务。通过建立专门的托管体系，金融机构能够保障碳资产的安全存储和权属清晰。这种托管服务不仅能够确保更科学高效的碳资产运营，为企业实现碳资产的增值，同时能够帮助企业降低碳资产损失的风险。

最后，金融机构能够不断推动金融创新，以满足碳市场长远发展需求。金融机构开发出与碳市场相关的各种金融产品和服务，如碳远期合约、碳期权等金融衍生品，以及碳质押、碳信托等金融支持工具。这些创新产品不仅丰富了碳市场的交易品种，还为市场参与者提供了更多的风险管理工具和投资机会。

三、风险防范与转移

金融机构在防范和转移碳交易风险方面能够发挥重要作用。

首先，金融机构具有风险评估的专业能力。金融机构通过建立完善的风险评估体系，能够对碳交易相关项目进行深入细致的分析和评估。这不仅包括对项目本身的潜在风险进行考量，还涉及对市场动态、政策变化等外部因素的综合评估，以便能够提前洞察可能出现的风险隐患，为后续的风险管理做好充分准备。

其次，分散投资是金融机构常用的一种风险分散策略。他们会将资金广泛地投资于多种不同的碳资产或项目，避免将所有的资金都集中在某一个特定的资产或项目上。这种分散投资的方式类似于构建一个多元化的投资组合，能够有效地降低因单一资产或项目出现问题而导致的整体风险。就如同不把所有鸡蛋放在一个篮子里，这样可以在一定程度上保证投资组合的稳定性，降低风险发生的概率。

套期保值也是金融机构在应对碳交易风险时常用的手段之一。借助期货、期权等金融衍生品，金融机构能够锁定碳交易的价格，从而降低因价格波动带来的风险。这种套期保值的方式意味着给碳资产增加了一层保险，能够在市场价格波动时为金融机构提供一定的保护。同时，建立风险储备也是金融机构应对风险的重要举措之一。他们会预留一定的资金作为风险储备，以便在风险发生时能够及时提供资金支持，减轻风险带来的损失。

最后，加强信息披露也是金融机构防范和转移碳交易风险的重要做法。他们会及时、准确地披露碳交易相关的信息，包括项目的进展情况、市场的动态变化、政策的调整等方面。通过这种方式，能够提高市场的透明度，降低因信息不对称而带来的风险，让市场参与者都能够了解到真实的情况从而做出适当的决策。

第三节 金融支持碳市场的主要形式

碳金融泛指服务于减少温室气体排放的金融制度和相关投融资活动，

除了碳配额交易外，还包括了金融衍生品交易、机构投资者和风险投资介入的投融资活动，以及商业银行提供的信贷活动和其他相关金融中介活动。[①] 本节从中介服务机构及碳金融产品两方面对金融支持碳市场的主要形式进行梳理。

一、中介服务机构

与碳排放权交易相关的中介服务机构主要由以下两类构成。一是专门服务于碳交易及碳减排项目的碳金融机构，包括碳基金、碳资产管理公司，碳排放权交易所，碳信用评价机构，碳信息服务机构等；二是来自资本市场的传统金融机构，包括商业银行、投资银行、证券公司、信托公司、保险公司等。

1. 碳基金

碳基金是指将投资者的资金集中起来，专门用于投资温室气体减排项目或购买碳排放权等与碳减排相关活动的投资基金。碳基金通过设立特定的金融产品发行机构，将各种公共资本和私人资本集中起来，然后将这些资本投入碳市场相关项目中以获取收益，以推动碳减排项目的实施，并实现投资者与环境效益的双赢。2000年，世界银行发起了首只碳减排基金"原型碳汇基金"，为全球碳市场的发展提供了重要的示范和推动作用。近年来，碳基金的数量和规模不断增长，越来越多的国家和地区设立了碳基金以支持低碳发展。一些碳基金取得了较好的投资回报，在支持碳减排项目、促进低碳技术研发和应用、推动碳市场发展等方面发挥了重要作用。

2. 碳资产管理公司

碳资产管理公司是专门从事碳资产的开发、管理和运营的企业，其主要业务包括挖掘潜在的碳减排项目、协助项目业主获得碳资产、为企业提

---

① 袁杜鹃，朱伟国. 碳金融：法律理论与实践[M]. 北京：法律出版社，2012.

供碳资产管理的策略和建议、对碳资产相关风险进行评估和管控等。随着全球对气候变化的重视和碳市场的不断发展，碳资产管理公司的数量和规模持续扩大，它们在碳市场中发挥着重要作用，协助企业进行碳资产的管理和交易，推动碳减排项目的实施。气候变化资本集团（Climate Change Capital）、Evolution Markets、气候关爱公司（Climate Care Group）等碳资产管理公司在全球范围内提供碳减排解决方案和碳资产管理服务，在全球碳市场中发挥着重要作用。

3. 碳排放权交易所

碳排放权交易所是组织温室气体排放权交易和排放权衍生品交易的平台。碳排放权交易所不仅为交易提供了物理场所和必要的设施，还通过集中信息、实时更新行情等方式，帮助交易各方更好地了解市场动态，做出更明智的决策。同时，作为交易平台，碳排放权交易所具备降低交易费用、便利交易进行等优势，也使得碳交易市场能够更加高效地运转，推动碳减排目标的实现。自1997年签署《京都议定书》后，参与交易的国家纷纷开启碳排放权交易所的建设，成立了欧洲气候交易所、欧洲能源交易所、芝加哥气候交易所、新加坡空气碳交易所（ACX）和气候影响交易所（CZX）、澳大利亚气候交易所等排放权交易机构，以实现区域内及全球范围的温室气体排放权交易。

4. 碳信用评价机构

碳信用评价机构是专门对碳信用进行评估和鉴定的组织或机构。它们依据一定的标准和方法，对企业、项目或个人在减少温室气体排放、实施碳减排措施等方面的表现进行评价，并给予相应的碳信用评级或认证，以反映其对环境的贡献程度和碳减排成效。碳信用评价机构依据统一的标准和规则进行评估，确保了碳交易市场的公平、公正，防止不规范行为的出现，维护了市场的良好秩序。同时，机构的评价结果也对企业和项目具有激励作用，推动企业和项目主体积极采取各种减排措施努力提高减排效果，以获得更好的碳信用评级和更高的市场认可。

碳信用评价机构在近年来取得了显著的发展。一方面，碳信用评价机构的数量呈现出明显的增长趋势，这反映出社会各界对碳信用评估的需求在不断增加；另一方面，信用评价机构在不断努力提升自身专业性，持续完善评估方法和标准，以确保对碳信用的评估更加科学、合理、准确。目前，国际上较为知名的碳信用评价机构包括 Verra、Gold Standard、Climate Action Reserve 等，这些机构在评估林业碳汇、农业领域减排等项目信用上发挥了重要作用。

5. 碳信息服务机构

碳信息服务机构是专门从事与碳金融相关信息收集、整理和分析的组织或机构。通过广泛收集和深入分析各类碳相关数据，包括企业的碳排放情况、碳交易价格、碳减排项目进展等，信息服务机构能够为企业、政府及其他相关方提供坚实的数据支持，使这些主体能够基于准确的信息做出科学合理的决策。同时，这些机构积极促进碳信息的流通，打破信息壁垒，让碳市场的各个参与者能够及时了解到最新的市场动态、政策变化等重要信息，从而提高整个碳市场的透明度和效率。目前，国际上较为知名的碳信息服务机构包括 S&P Global、Point Carbon、Thomson Reuters 等，这些机构为全球各碳市场提供碳足迹评估、碳市场数据分析、碳减排项目跟踪等信息服务。

6. 商业银行

随着碳市场规模逐渐扩大，商业银行的参与程度也日益提高。目前全球范围内数十家国际大型商业银行积极参与了碳市场交易，譬如德意志银行、澳大利亚联邦银行等均在碳市场中扮演着重要角色，这些商业银行积极开展碳金融业务，通过创新金融产品和服务，为碳市场中的企业提供融资、风险管理等支持。近年来，我国的兴业银行、浦发银行、建设银行等也积极投入碳排放权市场，参与开发了多项碳金融产品，为企业提供了融资服务。

7. 投资银行

投资银行是主要从事证券发行、承销、交易、企业重组、兼并与收购、投资分析、风险投资、项目融资等业务的金融机构，与传统商业银行不同，其业务更侧重于资本市场和企业金融服务方面。国际主要投资银行已广泛涉足碳金融市场，在现货交易与远期交易方面均开展多项业务，成为碳市场重要的融资来源。譬如摩根大通（美国银行）收购了英国益可环境国际金融集团和 Campbell Global LLC（一家森林管理林地投资公司），积极参与碳抵消市场投融资；美银美林集团与 Nuru 签订了基于撒哈拉区域非洲清洁能源计划的碳排放信贷协议，帮助其获得了数百万碳排放信贷，还帮助中国神华能源股份有限公司间接持有的四座风力发电场达成碳信用协议。

8. 碳交易保险机构

碳交易保险机构是指专门为碳交易相关活动提供保险保障的机构，主要为参与碳市场的主体，如控排企业、碳资产持有者等提供风险保障。无论是控排企业还是其他碳资产持有者，在面临诸如自然灾害、意外事故及政策变化等不可预见的因素时，都可能面临碳资产的损失。而碳交易保险机构的存在为这些可能出现的风险提供了可靠的补偿机制，降低了各方因风险可能遭受的损失程度。再者，碳交易保险机构对于保障控排企业等按时履行减排义务也起到关键作用。通过提供相应的保险服务，保险机构能够在一定程度上督促控排企业积极采取减排措施，确保其按时完成减排目标，减少违约风险的发生，这对于整个碳交易市场的健康运行及减排目标的实现都起到良好的促进作用。

二、碳金融产品

碳金融产品是指与碳排放权交易及相关减排活动相关联的金融衍生品及融资、支持工具，它们涵盖了从碳交易本身到为碳交易提供支持和保障的各种金融形式。这些产品旨在促进碳市场的发展，推动企业和国家实现减排目标，同时也为投资者提供了参与碳市场、获取收益的途径。常见的碳金融产品包括碳期权、碳远期、碳掉期、碳债券、碳基金、碳质押及碳回购等。

1. 碳期权

碳期权是一种以碳配额或项目减排量为标的物的期权合约。它赋予持有者在未来特定时间内，以约定价格买卖一定数量碳排放配额的权利，是碳金融市场中一种重要的衍生工具。通过买卖碳期权，投资者可以在一定程度上管理碳资产的价格风险，同时也为市场提供了更多的交易策略和灵活性。我国碳期权均为场外期权，通过交易所进行权利金的监管及合约执行。2016年6月，深圳招银国金投资有限公司、北京京能碳资产管理有限公司、北京绿色交易所正式签署了国内首笔碳配额场外期权合约。2022年1月，青海碳谷零碳经济服务中心有限公司与青岛恩利钢构有限公司签署碳排放指标期权交易协议并完成该笔碳指标期权交易。

2. 碳远期

碳远期是指交易双方约定在未来某一特定时间，以约定的价格买卖一定数量碳排放权或碳减排量的合约。作为一种远期合约，碳远期为参与者提供了在未来进行碳交易的灵活选择，有助于参与者提前锁定价格、管理风险和进行投资决策。自2016年起，湖北、上海和广东等地在碳市场发展中进行了积极探索，推出了以地方配额现货为标的的配额远期交易产品。2016年3月，广州碳排放权交易所成功落地国内第一单碳排放配额远期交易业务。2017年1月，上海碳配额远期交易中央对手清算业务正式上线。

3. 碳掉期

碳掉期又称为碳互换，是指交易双方以碳配额或自愿减排量为标的，在未来一定时期内交换现金流或现金流与资产的合约，包括期限的互换与品种的互换两种方式。2015年6月，壳牌能源（中国）有限公司与华能国际电力股份有限公司广东分公司签订国内首单碳掉期协议，包含碳配额与CCER的置换。2018年6月，中国石化上海石油化工股份有限公司与杭州超腾能源技术股份有限公司进行碳配额与CCER的碳掉期交易，置换量为11.76万吨。

4. 碳债券

碳债券是指政府、企业为筹集低碳项目资金而向投资者发行的、承诺在一定时期支付利息和到期还本的债务凭证。按照发行主体来划分，碳债券可划分为由国家或地方政府发行的碳主权债券、由金融机构发行的碳金融债券及由企业发行的债券。2014年5月，中广核风力发电有限公司发行首单碳债券，发行金额达10亿元人民币，募集资金全部用于置换发行人借款。2021年9月，中国农业发展银行在中央结算公司通过公开招标方式，面向全球投资者成功发行国内首单用于森林碳汇的碳中和债券36亿元，募集资金全部用于支持造林及再造林等森林碳汇项目的贷款投放。

5. 碳基金

碳基金是指依法可投资碳资产的各类资产管理产品。碳基金包括由政府设立管理的公共基金、由政府和企业合作出资的公私混合基金及由企业独立出资的私募基金。我国的低碳公共基金包括中国清洁发展机制基金、中国绿色碳基金等。随后各省市也开始尝试建立低碳基金，如广东于2009年成立广东绿色产业投资基金、武汉于2021年成立武汉碳达峰基金等。国内首单碳基金是2014年12月由海通新能源私募股权投资管理有限公司（以下简称海通新能源）和上海宝碳新能源环保科技有限公司（以下简称上海宝碳）共同发起的海通宝碳基金。作为拥有两亿元人民币的专项投资基金，其由海通证券资产管理公司对外发行，海通新能源与上海宝碳作为投资人与管理者，对全国范围内的CCER项目进行基金投资。

6. 碳质押

碳质押是指碳资产的持有者将其拥有的碳资产作为抵押物，向资金提供方进行抵质押获得贷款，到期通过还本付息解押的融资合约。碳质押为不希望出售碳资产但缺乏融资途径的企业提供了新的选择和贷款融资的途径，企业通过质押碳资产，可以在解决短期融资需求的同时保留对碳资产的所有权。2014年9月，湖北宜化集团有限责任公司在湖北碳排放权交易中心使用210.9万吨碳排放配额作为抵押，获得兴业银行4000万元贷款用于完成碳减排任务，这是国内首单碳配额质押贷款项目。2014年12月，上海银行、上海环境能源交易所与上海宝碳新能源环保科技有限公司签署国内首单CCER质押贷款协议，为上海宝碳提供了500万元质押贷款。碳质押能够将企业碳排放权作为一种全新的担保资源，最大程度帮助企业盘活碳资产。

7. 碳回购

碳回购是指碳资产的持有者（回购方）向碳市场的其他参与人出售标的，并在约定期限按照约定价格回购所售标的，从而实现资金融通。当碳资产价格出现波动时，通过回购操作可以对价格进行调节，使其保持在一个相对合理的范围内，这有助于减少价格波动对市场参与者造成的影响。2015年，广东清远一家控排企业与投资机构签订回购协议，由投资机构以470万元购入碳配额帮助企业实现资金周转，待企业资金回笼后再按照协议价格购回同等数量碳配额。2022年，鞍钢集团资本控股有限公司协助鞍钢集团相关企业办理碳配额回购业务，为企业融资2630万元，有效降低了相关企业资金成本并提高了资金使用灵活性。

第六章
中国碳市场金融支持的现状与问题

随着试点碳市场的成熟与全国碳市场的启动，我国的碳市场呈现出蓬勃发展的态势，商业银行、证券公司等越来越多的金融机构开始关注碳市场并参与其中。近年来，金融机构积极探索与碳排放权相关的金融产品与服务，如碳配额质押贷款、碳债券、碳基金等，以满足控排企业的融资需求和投资者的投资需求，这些碳金融支持帮助企业实现了碳资产的优化管理，提升了碳资产的质量和效益，并在一定程度上提高了碳市场的流动性。同时，金融机构在参与碳市场的过程中，也存在产品供给有限、风险因素复杂、专业人才短缺及政策支持不足等问题。

第一节 中国碳市场金融支持现状

一、商业银行

商业银行在碳市场中扮演着资金提供者的角色，为参与碳交易的相关企业提供了丰富多样的金融支持，包括但不限于贷款、授信等形式，为碳交易市场的顺畅运行提供了坚实的资金保障，确保了市场的资金流动性。同时，商业银行还是重要的金融服务者，为碳交易提供了全面的结算、清算、托管等服务，细致入微地保障着每一笔交易的准确无误和顺利完成。我国商业银行参与的碳交易业务包括早期清洁发展项目、碳配额及 CCER 项目的投融资及金融中介服务。

第六章　中国碳市场金融支持的现状与问题

兴业银行是我国最早开启碳交易业务的商业银行，也是国内首家公开采取赤道原则、将环境与社会风险纳入项目融资考量的商业银行。在参与国际市场碳交易的阶段，兴业银行为国内CDM项目提供了大量的咨询服务与融资支持，譬如2005年，兴业银行以合同能源管理模式和CDM模式向梅州二期垃圾填埋场沼气利用项目提供融资贷款720万元。此外，其他商业银行也积极为CDM项目提供金融支持与服务，譬如浦发银行提出CDM财务顾问方案，联合国际专业机构为国内减排项目提供CDM项目开发、交易和全程管理实施的一站式金融服务，帮助国内多个CDM项目完成注册与签发；中国农业银行为数十个CDM项目提供咨询、评估和顾问服务，并首创合同能源管理融资业务，为排放企业提供融资服务。

随着试点碳市场成立，商业银行逐步拓宽了碳金融服务业务范围。碳质押是商业银行提供的主要融资服务之一，主要针对碳配额和CCER减排量提供质押贷款。商业银行在碳交易试点阶段便开启了碳质押业务的探索。近年来，上海、深圳、浙江、广东、湖北等地先后出台碳配额抵押融资业务规则及操作指引，在政策支持下，国内多家商业银行展开了碳质押的业务实践。例如，2021年9月，乐山市商业银行运用支小再贷款资金向乐山市五通桥恒源纸业再生利用有限公司发放四川首笔碳排放权配额质押贷款，推动了碳排放权配额价值化；2021年11月，恒丰银行为山东金晶科技股份有限公司办理了1000万元碳排放权质押贷款，盘活了企业短期内闲置的碳配额资产；2021年12月，上海农商银行向晶科电力科技股份有限公司发放了国内首单CCER未来收益权质押贷款，打破了传统贷款思路，将未来收益权开辟为一种全新的担保资源；随后青岛银行、成都农商银行等纷纷开启了CCER未来收益权质押贷款。

除碳质押这一主要模式外，商业银行还通过创新实践设计了不同的业务模式和产品，为企业提供多样化的碳金融服务。例如浦发银行深圳分行向企业发放"碳中和"挂钩贷款，款项用于深圳市坪山区某物流园分布式光伏发电项目的建设；顺德农商银行推出基于"企业碳账户+供应链金融"模式的"绿色碳链通"融资业务，基于企业绿色低碳评级提供差异化优惠信贷资金，对碳减排效应显著的中小企业提供更精准的金融支持；2021年7月，新加坡金鹰集团与交通银行江苏省分行签署《碳排放权交易资金托管合作协议》，开展了全国首单金融机构和跨国企业合作的碳资产托管业务。

二、证券公司

证券公司作为金融机构中灵活性较强、市场参与度颇高的主体，其参与能够为碳市场带来更多的资金和流动性，促进碳资产的交易和流转，提高市场效率。证券公司能够提供的碳金融服务包括碳交易业务、碳配额对减排量置换交易业务、碳减排量购买交易业务、碳抵消交易业务、买断式回购交易业务等。这些金融服务或是能够为企业提供低成本的履约解决方案，或是能帮助企业降低因项目申报失败导致的资金损失风险，或能为企业提供灵活的融资支持。

中信证券是国内首家参与碳配额交易的证券公司，北京试点碳市场开市首日，中信证券便累计完成了5笔碳配额交易；2015年，国泰君安证券收到中国证监会关于开展碳排放权自营交易的无异议函，成为首批获牌券商。之后，其先后完成了首单CCER的购买交易业务及首单上海碳配额远期交易等多项开创性业务，截至2023年年末，国泰君安证券在碳市场累计成交量7500万吨，累计交易约21亿元人民币。2022年9月，华宝证券帮扶云南省宁洱县完成了1200万元林业碳汇预期收益权质押贷款，帮助其在无法申请CCER项目的情况下以林业碳汇收益权质押作为增信措施实现融资。

近年来，多家证券公司获证监会准入碳交易，券商参与碳金融实践开始增多。2023年3月，东方证券借助大股东申能（集团）有限公司的能源产业优势资源，率先在同批6家获批证券公司中落地首单碳排放权交易；

2024年2月，中信证券、中信建投、中金公司、国泰君安等证券公司参与了上海环境能源交易所首批碳回购交易；2024年4月，中信证券与华新水泥股份有限公司完成我国碳市场成立以来规模最大的碳资产回购交易，交易规模1亿元。证券公司通过碳配额回购交易业务，可以帮助企业拓宽低碳融资渠道，降低实体企业融资成本，提高实体企业资金使用灵活性。

由于CCER长期暂停签发，证券公司前期较少针对存量CCER开展合作交易业务，仅有华宝证券、中信证券开展了CCER协议交易。随着全国碳市场CCER交易在2024年正式启动，证券公司纷纷加入CCER交易。2024年1月，中信证券通过挂牌交易方式购入5000吨CCER；同时，中金公司、国泰君安、中信证券、华泰证券等券商也参与了首日交易。

三、信托公司

信托公司开展业务可以横跨货币市场、资本市场、实体产业，既可以开展融资类、投资类业务，也可以开展事务管理类业务。信托公司作为新的交易主体参与碳市场，进一步丰富了碳市场参与主体的类别，有助于碳交易与金融市场的深层联动融合，进一步彰显碳市场金融属性。近年来，信托公司依托其信托制度和跨市场资产配置优势，积极探索信托产品在碳市场领域的应用。

信托公司主要通过三种模式参与碳市场。

其一是碳融资类信托，即信托公司以控排企业的碳配额或CCER为抵押、质押，设立信托计划，向控排企业发放贷款；亦可设立买入返售信托计划，在约定期限内以约定价格将其回售给控排企业。2018年7月，中航信托发起的"中航信托·航盈碳资产投资基金集合资金信托计划"认购了上海盈碳环境技术咨询有限公司管理合伙企业"壳牌能源"10亿元有限合伙份额，通过有限合伙参与国内碳配额购买及回购义务；2021年2月，兴业信托发起的信托计划通过受让碳排放权收益权的形式，将海峡股权交易中心碳配额公开交易价格作为标的信托财产估价标准，向福建三钢闽光股份有限公司提供融资支持。

其二是碳投资类信托，即信托公司设立投资类信托计划，将信托资金直接投资于碳交所的碳资产，通过把握碳资产价格趋势在二级市场赚取价差。2014年12月，上海爱建信托投资有限责任公司创建了国内首个碳交易专项投资信托计划，用于投资CCER；2015年4月，中建投信托股份有限公司与深圳招银国金投资有限公司合作，推出投向配额和CCER的碳资产投资信托计划，并在短期内完成募集；2021年2月，中航信托股份有限公司推出主要投资于全国碳市场的信托计划；2021年4月，华宝信托有限责任公司发起的信托计划直接参与上海碳市场与广东碳市场的配额交易。

其三是碳资产服务信托，即信托公司利用信托的财产独立和风险隔离优势，帮助控排企业对碳资产进行集中管理，从而有效盘活碳资产并获得额外收益。2021年3月，英大国际信托有限责任公司作为受托方和发行载体管理机构发行了国内首单碳中和债；2021年4月，中海信托股份有限公司推出国内首单以CCER为基础资产的碳中和服务信托；2021年12月，交银国际信托有限公司与新加坡金鹰集团、交通银行股份有限公司江苏省分行共同成立CCER碳资产服务信托，这也是全国首单外资CCER碳资产服务信托。

四、保险公司

保险公司通过创新推出特定的保险产品，为碳资产质押等行为提供了可靠的增信支持。这种增信作用不仅增强了交易的可信度，也为碳资产的持有者提供了更多的融资渠道和机会。近年来，保险公司开始涉足碳市场，进行了一系列低碳保险产品创新。

2021年3月，中国人民财产保险股份有限公司与福建省顺昌县国有林场签下全国首单"碳汇贷"银行贷款型森林火灾保险，为碳汇林提供2100万元风险保障。"碳汇贷"是全国首例以远期碳汇产品为标的物的约定回购融资项目，此项保险为碳汇质押贷款增信，增强了碳汇融资力度。2021年9月，太平洋财产保险股份有限公司（以下简称太保产险）推出了碳资产损失保险，其中包括清洁能源项目及林木碳汇项目的碳损失保险；2021年11月，太保产险推出国内首项碳排放配额质押贷款保证保险，为申能（集团）有限公司下属申能碳科技公司在交通银行的碳质押贷款按期履约提供保障；2021年11月，太保产险落地国内首单减排设备损坏碳损失保险等产品，鼓励高碳排企业转型，为节能环保、碳减排技术等提供保障；2022年10月，太保产险签发国内首单碳资产回购履约保证保险业务；太保产险还在碳汇保险方面进行了多项保险产品创新。中国平安财产保险公司长期开展森林遥感碳汇指数保险，截至2024年2月，已在河北、湖南、广东等17个省、市完成试点出单，提供碳汇风险保障超过5000万元。[①]

第二节　中国碳市场金融支持存在的问题

一、碳金融产品供给不足

我国碳金融工具的应用范围有限，碳风险对冲产品的开发也存在明显不足。碳金融工具主要应用于试点碳市场，且多数工具的应用频率非常有

---

① ESG优秀案例展示——平安产险森林碳汇遥感指数保险。

限。在金融衍生品中，仅有上海试点的碳远期产品交易相对活跃；在融资工具中，碳质押在多个试点中实现了常态化应用，其他碳金融工具则仍处于试验性摸索阶段。随着"双碳"目标的提出和积极稳妥推进，企业面临的碳风险也会逐渐增加，对企业而言，对冲风险意义重大。但从目前来看，应对碳价风险的金融产品较为有限，由于数据有限、量化困难、企业重视程度低等原因，碳保险、碳基金等支持工具尚未形成规模化，也未构建出标准化的产品。

另外，当前金融机构参与碳市场的程度不足，致使交易主体呈现出结构性失衡的状况。金融机构对参与碳市场有着切实需求，专业机构的广泛介入，不仅能使碳价充分反映市场供求状况，还能促进碳市场与金融领域的互通。若金融机构参与不够深入，就难以借助金融工具和衍生工具来最大程度地展现碳市场的供求情况，进而难以实现市场的合理定价和资源的优化配置。然而，我国碳市场中控排企业占比极高，金融机构和个人投资者的占比则相对较低。此外，现阶段国内缺少专业的技术咨询体系帮助金融机构对碳交易项目风险进行深入分析与准确评估，同时缺乏专门针对项目审批风险、核实认证风险及注册风险进行鉴别和防范的专业中介机构，导致金融机构难以深入参与碳市场。

二、项目风险因素较多

碳金融项目在开发过程中面临诸多风险，给碳金融的发展带来了较大的挑战。

首先是碳价波动风险，碳交易市场中的碳价往往呈现出较大的波动性。这种不确定性会直接影响到碳金融产品的价值，如碳期货、碳期权等，从而给投资者带来较大的收益波动风险。当碳价出现大幅下跌时，投资者可能会遭受严重的损失，而碳价的剧烈波动也会使市场参与者对未来的预期变得更加不确定。

其次是政策变动风险,碳金融市场高度依赖于相关政策法规的支持和引导。一旦政策出现调整或变化,可能导致整个碳金融市场的格局发生重大改变,这种改变可能会对投资者的利益产生直接影响,使其面临较大的政策风险。再者是信用违约风险。碳金融交易中涉及多个交易主体,如控排企业、金融机构等,这些主体之间可能存在信用违约的情况,即一方未能按照合约履行相应的义务,从而给另一方造成经济损失。

再次,数据风险也是碳金融面临的一个重要挑战。碳排放数据的准确性和可靠性对于碳交易至关重要,一些企业或第三方机构可能会为了利益而采取造假和合谋行为,影响市场的公平性。这种数据造假行为不仅会损害其他市场参与者的利益,还可能导致整个碳金融市场的信誉受损。

最后,项目风险也是碳金融不可忽视的风险之一。碳减排项目本身存在着诸多不确定性,如技术不成熟、效益不达预期等,这些不确定性可能会给碳金融投资带来较大的风险,需要投资者在进行投资决策时充分考虑和评估。

三、碳金融专业人才短缺

和传统金融业务相比,碳交易业务开启的时间较晚,项目经验相对缺乏,金融机构对其运作模式及风险管理等方面还没有形成深入的认识和透彻的掌握。而且碳交易的相关项目不仅流程繁琐,交易规则也较为复杂,项目周期较长,并涉及较多的风险因素。业务的复杂性使得碳金融对人才具有高标准要求。一方面,业务人员需要对碳交易机制具有深刻的理解,包括对碳交易市场的详细规则、各种交易流程及复杂的运作模式等都应了如指掌。另一方面,业务人员必须具备丰富的金融知识,能够熟练运用金融分析工具和方法,精准地进行风险管理,以保障交易的顺利进行。

就我国碳金融从业人员的情况来看，人才建设仍有不足。首先，专业的碳交易人才匮乏，能够全面深入掌握碳交易专业知识和具备相应技能的人才数量非常有限，无法满足市场的需求；而且碳交易领域的发展极为迅速，新知识、新技术不断涌现，导致知识更新往往难以及时跟上最新的发展动态。其次，具有碳交易实际操作经验的人才相对较少，实践经验的不足使得他们在应对复杂交易情况时难以有效解决。再次，碳交易涉及环境、经济、金融等多个学科领域，跨学科融合的难度较大，对人才的综合素质提出了更高要求。最后，碳交易人才在不同地区的分布不均衡，有的地区人才相对集中，而有的地区则较为缺乏，这对碳交易的整体发展造成了一定阻碍。

四、政策支持尚不完善

2022年4月，中国证券监督管理委员会发布了《碳金融产品》（JR/T 0244—2022）的行业标准，明确了碳金融的定义与范围，并规定了碳金融产品的实施要求。该标准将碳金融产品分为碳市场融资工具、碳市场交易工具和碳市场支持工具三大类，为狭义的碳金融提供了较为全面的图谱描绘。在该标准中，碳金融产品被定义为"建立在碳排放权交易的基础上，服务于减少温室气体排放或者增加碳汇能力的商业活动，以碳配额和碳信用等碳排放权益为媒介或标的的资金融通活动载体"。从内容上看，该标准既遵循了国际化的标准原则，又充分考虑到国内不同机构在实施应用过程中的差异性和复杂性。

在我国，碳金融业务始终面临缺乏政策法规约束与保护的困境，这一方面导致碳金融相关业务面临较高政策风险，另一方面也不利于引导金融机构进入碳市场。此外，现有的政策激励机制依然不够完善，对于企业和金融机构参与碳金融活动的激励措施相对有限，不利于碳金融创新业务的开展。

第七章

国外碳交易体系的经验借鉴

构建健全的碳交易体系对于低碳发展而言具有重要的现实意义。它不仅是实现气候问题有效治理的关键途径，也是推动"双碳"目标达成的有力支撑，更是促进环境与经济相容发展的重要纽带。国际上一些成熟的碳市场在制度设计、运行机制、监管措施等方面积累了丰富的经验，为完善我国碳交易体系建设提供了不同的政策思路和方案参考。故本章选择欧盟碳交易体系、美国加州碳市场及日本东京都碳市场为参考对象，对其发展中的主要经验进行深入归纳与借鉴。

第一节 欧盟碳交易体系的建设经验

欧盟碳排放交易体系（EU-ETS）自 2005 年启动以来，经历了四个发展阶段，逐步成为全球最大、最成熟的碳市场。EU-ETS 的核心在于通过市场机制推动减排，其发展历程可分为四个阶段：2005—2007 年的试验阶段；2008—2012 年的制度体系重点建设阶段；2013—2020 年的进一步严格规范阶段；2021—2030 年的推动常态化稳定发展阶段。法律体系保障、MRV 管理机制与价格稳定措施是欧盟碳交易体系良性运行的核心，这些措施提高了欧盟碳市场的效率和可靠性。

一、法律体系保障

欧盟高度重视 EU-ETS 的法治建设，对相关政策与法规及时跟进调整。

1998年成员国就《京都议定书》目标达成新的责任分摊协议，并于4年后通过正式立法（Directive 2002/358/EC）确立欧盟成员国共同的减排目标。自此，欧盟就开启了一系列气候变化倡议，其中包括启动欧洲第一个气候变化方案（ECCP I）、第二个气候变化方案（ECCP II）及在2009年和2010年通过的气候变化政府文件，这些政策展示了欧盟在全球气候谈判中的基本立场与应对方案。在这些政策的基础上，碳市场被选择作为主要的应对气候变化的政策工具。EU-ETS以立法先行，通过出台碳市场基本法（Directive 2003/87/EC）、交易指令方案（Directive 2004/101/EC）、扩大覆盖范围指令（Directive 2008/101/EC）等，建设起一个层次分明的法律体系。这一过程显示了欧盟在碳市场发展中的及时跟进和对法治建设的重视。规则的稳定性与变动性始终是碳市场建设中的一对矛盾关系，EU-ETS在严格的法律框架下，根据碳市场的实际变化和现实需求及时地进行针对性改进，有效地保障了碳市场的稳定发展。

EU-ETS法治建设的另一个显著特点是重视不同减排规制工具之间的法律衔接。碳交易作为一种市场型规制工具，主要通过市场机制实现排放成本的优化，但交易本身难以直接实现大幅减排的目标，为了有效应对气候变化问题，欧盟对多种政策工具加以组合，除碳交易外，还开发了环境税、自愿减排项目及新能源政策等，其中新能源政策与碳交易制度形成重要的关联。新能源政策主要通过优化能源结构及激励技术创新提高可再生能源的比重，从而减少温室气体的绝对排放量，而碳交易能够起到降低减排成本的作用。欧盟意识到二者之间的关联性，在设计相关法律时重视能源政策与碳交易制度的衔接。欧盟针对新能源发展颁布了促进可再生能源利用指令（Directive 2001/77/EC），并于2007年提出能源和气候一体化决议，对能源问题与气候问题加以统筹，使能源政策与碳交易制度同步发挥作用，以助力欧盟温室气体减排目标的实现。

此外，EU-ETS 在法治建设中格外注重与国际碳交易规则的融合，这主要体现在欧盟特别制定了与国际碳市场之间的衔接规则。碳市场具有天然的国际性，其产生源自国际社会共同应对气候变化的努力，而目前大多数运行中的碳市场均为国内碳市场或区域碳市场，国际性碳交易相对较少。[①]而随着"后京都时代"形成新的国际政治格局与减排需求，国家间碳市场的衔接势在必行。为了应对这一趋势，EU-ETS 专门制定了与国际碳市场的衔接规则，在其第二发展阶段，根据《京都议定书》提出的联合履约机制、清洁发展机制和排放权交易机制，对 EU-ETS 的相关指令做出调整，并形成了交易指令方案（Directive 2004/101/EC）这一指导碳市场连接的重要指令。这一指令为欧盟实现温室气体减排目标提供了灵活性选择方案，同时还通过联合履约机制和清洁发展机制实现了国家间的合作共赢，降低了 EU-ETS 的履约成本。

二、MRV 管理机制

在欧盟碳交易体系（EU-ETS）的 MRV 管理机制中，碳核查的监督、各成员国碳核查的协调及核查信息公开是其中重要的制度设计，确保了碳排放数据的真实性、准确性和透明度，从而支撑碳交易市场的可持续发展。

1. 双重核查监督机制

欧盟建立了严格的监督体系，包括内部和外部双重维度的监督，以确保企业提交的碳排放数据符合规定并具有可信度。除第三方核查监督外，欧盟建立了独立的内部监督审查体系，负责审核第三方的核查报告、核查数据的准确性及核查过程的合规性，以避免第三方核查机构与控排企业合谋违规。内部审查需要由核查机构将核查报告提交独立审查人，且独立审

---

① 张立锋. 欧盟碳市场法制建设若干特点及对中国的启示[J]. 河北学刊, 2018, 38(4): 215-220.

查人不得为核查机构的成员,由此确保该过程的客观性。另外,欧盟对第三方核查机构的违规行为制定了明确的处罚规则,包括对信息造假、合谋违规的第三方机构暂停或撤销核查机构认证、对违规核查机构实行罚款处罚等。欧盟于2015年发布的《EU-ETS指令21条下各国回应分析报告》显示,通过实施核查监督,EU-ETS核查报告的有效性得到大幅提高,问题报告率整体下降了近40%。

2. 成员国核查协调

由于欧盟各成员国体制的不同,其在碳交易自由裁量权上具有较大的差异,各国的核查规定也并不一致。面对这种情况,EU-ETS提出以出台"21条报告"、开展合规会议、合规论坛、建立标准化信息系统等方式协调各成员国的核查合规性。[①] 21条报告是根据欧盟2003/87/EC指令的第21条规则,要求成员国按期提交对应的报告,报告内容包括交易系统的运行情况、监测和报告数据及碳核查情况等,再由EU-ETS根据成员国报告做出统一回复。此外,EU-ETS定期开展合规会议和合规论坛,针对MRV涉及的监测、报告、核查工作共享最佳实践,共同推动碳核查工作的开展。此外,EU-ETS还通过建设标准化的信息系统,进一步统一核查标准和方法、协调核查计划。

3. 核查信息的公开

为增强市场透明度和公信力,提高交易主体与社会公众对碳交易体系的了解,欧盟碳交易体系实行核查信息的公开制度。首先,监管机构会定期公布碳交易数据报告,包括EU-ETS的年度报告、第三方机构对ETS的评估报告及企业的排放数据,并向公众和市场参与者披露核查结果。其次,欧盟各成员国的认证机构(NAB)保留了认证过程的相关记录,并定期公

---

① Jonathan Verschuuren, Floor Fleurke. Report on the Legal Implementation of the EU ETS at Member State Level[R]. Tilburg Sustainability Center:2014.

布认证信息。此外,欧盟建立了公开的信息发布平台,将政策法规信息与核查报告等数据进行有效整合并及时更新,提升了信息公开的效率。[①]

三、价格稳定措施

1. 配额总量调整

在欧盟碳交易体系的第三阶段(2013—2020年),欧盟采取了缩减配额总量的措施,以应对碳排放配额的过剩和碳价的下跌。具体而言,欧盟每年对EU-ETS推行改革,其中重要的一项就是每年对排放上限减少1.74%,通过减少市场上可交易的碳排放配额的总量,从而逐步压缩市场上的碳排放总量。这一措施的目的是通过限制碳排放配额的供应来推高碳价,从而激励企业采取更多的减排措施。当配额总量减少时,企业必须更加谨慎地管理自己的碳排放,并需要购买更多的排放配额以满足自身的排放需求,这会导致碳排放市场的供需关系发生变化,从而推动碳价上涨。通过逐年缩减配额总量,欧盟希望实现碳排放的逐步减少,推动企业采取更加清洁和节能的生产方式,促进低碳经济的发展。同时,高碳价还可以激励企业加大对清洁技术和绿色创新的投资,从而推动经济结构的转型升级。总之,缩减配额总量是欧盟碳交易体系中的一项重要价格稳定措施,通过限制碳排放配额的供应推高碳价,从而促进低碳经济的发展。

2. 增加配额拍卖比例

在欧盟碳交易体系的第三阶段,为了加强碳市场的有效性和透明度,欧盟逐渐采取了增加配额拍卖比例的措施。这一举措逐步减少了对碳排放配额的免费分配,碳交易开始更多地采用拍卖的形式,尤其是对于能源行业,欧盟要求完全进行配额拍卖。自2013年开始,欧盟实现了约50%的

---

① German Emissions Trading Authority. Emissions Trading and DEHSt's Responsibilities[R]. Berlin: 2015.

国家计划分配的欧盟排放配额（EUA）通过拍卖形式获得，而非无偿分配给企业，并且随着时间的推移，这一比例在接下来的年份逐步增加，更多的排放配额能够通过拍卖的方式进行交易。欧盟碳市场增加配额拍卖比例的目的是多方面的。第一，通过拍卖形式，参与交易的市场主体可以公平、透明地分配碳排放配额，由此避免了免费分配方式存在的不公平问题；第二，拍卖可以为碳市场带来更大的流动性和参与度，促进市场的有效运作；第三，拍卖还可以为欧盟碳市场提供一定的收入来源，用于支持碳减排项目和低碳技术的研发；第四，随着配额拍卖比例的逐步增加，企业将逐渐适应市场机制与价格变化，这有利于企业更加积极地参与碳市场的交易活动，并采取更多的减排措施以应对碳价的上升。

3. 配额稳定储备机制

2019年，欧盟开始正式执行市场稳定储备机制（Market Stability Reserve, MSR），这一机制旨在解决市场配额供需之间存在的不平衡问题，特别是在外部冲击（如疫情）的情况下导致的市场供需波动。稳定储备机制的引入为欧盟碳交易体系注入了灵活性和稳定性，有助于提升市场信心、维持碳市场的稳定性和碳价的合理水平。稳定储备机制的核心是建立一个市场稳定储备池，其中包含一定数量的欧盟排放配额（EUA），在市场供需出现不平衡时，储备池将起到调节作用，根据市场需求情况向市场释放或吸收欧盟排放配额，以调整碳市场的供需平衡水平，从而稳定碳价。具体来说，当市场上的配额供大于求时，稳定储备机制将吸收多余的排放配额，将其存入储备池中，以减少出售方的压力，避免碳价暴跌；反之，若市场上的配额需求急剧上涨，稳定储备机制将向市场释放储备池中的预留配额，以增加供应来满足市场需求，避免价格的不合理上涨。总的来看，稳定储备机制的引入为碳市场的参与者提供了一定的市场预期和稳定性，增强了市场信心，有助于降低市场波动性，提高碳市场的有效性和可预测性。

第二节　加州碳市场的建设经验

2013年，美国加利福尼亚州启动了加州温室气体总量管制与交易计划（California's Cap-and-Trade Program，CCTP），成为全球最为严格的区域碳市场之一。2014年1月，加州碳市场与加拿大魁北克碳市场正式链接，可相互交易配额，每季度联合开展配额拍卖，形成了地方政府间的跨境碳市场；2024年2月，华盛顿州正式接入加州碳市场。加州碳市场覆盖了加州75%的温室气体排放，所覆盖的气体除了包括《京都议定书》所规定的六种温室气体外，还包括三氟化氮和其他氟化物，纳入的行业包括年排放量超过2.5万吨二氧化碳当量的大型工业设施、发电设施和电力进口商。加州碳市场第一阶段为期两年，即2013至2014年，此后每三年为一个阶段。加州整体减排目标为：到2030年，比1990年排放水平减少40%；2045年实现碳中和，并且比1990年排放水平减少85%。

一、法律框架

2006年，《加州应对全球变暖法案》（AB 32）设定了到2020年将温室气体排放量减少到1990年水平的目标，并授权加州空气资源委员会（CARB）制定基于市场的合规机制，以实现该州温室气体减排目标。CARB于2011年制定并通过了总量限制与排放交易计划，并于2012年启动了排放交易体系。针对发电设施及大型工业设施的规制自2013年开始实施，2015年逐步将交通运输燃料、天然气和其他燃料供应商纳入管控范围。加州碳排放交易体系法规自最初通过以来已经进行了多次修订，以适应额外的立法要求和加州空气资源委员会指令的变化。2017年AB 398号法案将加州碳排放交易体系由2020年延长至2030年，并增加了一系列规定，包括对价格上限进行约束、限制自愿减排项目的抵消额度等。

加州空气资源委员会注重碳交易政策与其他气候与能源政策的协调，认为总量限制与排放交易计划是加州气候战略的重要组成部分，该法规同时也为更广泛的气候计划组合形成支撑，譬如低碳燃料标准（LCFS）及可再生能源配额制（RPS）。低碳燃料标准创造了一个以市场为基础的系统，以降低加州运输燃料消耗的碳强度；可再生能源组合标准则要求所有电力公司在销售中使用一定比例的可再生资源。2015年参议院第32号法案（SB 32）制定了更严格的减排目标，即到2030年将温室气体排放量减少到1990年水平的40%，随后加州空气资源委员会在2017年气候变化界定计划22号文件中制定了实现2030年目标的路径，并强调了上述各政策及各种提高能源效率和建筑物脱碳政策在其中的重要性。通过这些政策，加州于2016年实现了2020年减排目标，比原定计划提前了四年。

二、总量与配额分配

1. 总量方案

加州碳市场目前共经历了四个阶段，第一阶段为2013至2014年，第二阶段为2015至2017年，第三阶段为2018至2020年，第四阶段为2021至2023年。加州政府将每年分配的配额数量称作"配额预算"（Allowances Budgets），四个阶段的配额预算情况如表7-1所示。

表 7-1 加州碳市场各阶段配额预算

阶段	年度	配额预算/百万吨
第一阶段	2013	162.8
	2014	159.7
第二阶段	2015	394.5
	2016	382.4
	2017	370.4
第三阶段	2018	358.3
	2019	346.3
	2020	334.2
第四阶段	2021	320.8
	2022	307.5
	2023	294.1

资料来源：ICAP, California Cap-and-Trade Program (2021), https://icapcarbonaction.com/en/ets/usa-california-cap-and-trade- program.

加州空气资源委员会设定了逐年下降的总量上限，以帮助实现全州温室气体减排目标。目前，加州空气资源委员会已设置了 2013 年至 2050 年的全州年度配额预算计划，该计划从 2013 年开始将总量上限设定为 1.628 亿吨二氧化碳当量（约占加州排放总量的 37%），并于 2015 年将总量上限提高至 3.945 亿吨（约占加州排放总量 77%），以全面覆盖燃料供应商的碳排放。随后加州空气资源委员会根据 4.27 亿吨二氧化碳的全经济目标情况制定了 2020 年 3.342 亿吨二氧化碳当量的总量上限，并在 2015 年与 2020 年目标之间设定了一条"绝对下降"路径，即总量上限每年下降相同数量（每年 0.12 亿吨）。2021 至 2030 年的总量上限则是根据 SB 32 提出的新控排目标制定的。加州空气资源委员会将 2030 年碳交易体系的总量控制比例设置为与 2020 年相同的 77.5%，即 2030 年的总量限额为 2.005 亿吨二氧化碳当量（全经济目标 2.586 亿吨的 77.5%）。同时加州空气资源委员会沿用了"绝对下降"方法，要求 2021 至 2030 年每年减少 0.134 亿吨；2030 年以后，年度配额预算将持续下降至 2050 年，但下降幅度减半，即每年减少 679 万吨。

2. 配额分配

加州碳市场的配额分配方式包括免费分配和拍卖。在加州碳市场的启动初期配额大多以免费方式进行分配，以保障碳交易计划的顺利过渡，并在后续阶段逐渐减少免费分配的比例。

加州碳市场的免费配额主要分配给具有碳泄漏风险的电力企业及工业企业，初期免费配额占企业总排放的 90%，2020 年，加州将免费配额比例调整至 42%。加州碳市场对工业设施采取了基于产量和能源消费量的基准线法，其中造纸、石油提炼和钢铁行业使用总产量排放基准，其他行业使用能源消费量排放基准来计算。基于产量的基准线是可调节的，而基于能源消费的基准线是固定的，这种分配方式能够激励产出的增加。

2021—2023 年，加州碳市场中每年配额预算约有三分之二是通过拍卖方式出售的。[1] 每年有偿拍卖将产生数十亿美元的收入，这些收入一部分将投入温室气体减排基金（The Greenhouse Gas Reduction Fund，GGRF）用以支持气候相关项目，另一部分将返还给公共事业公司的客户、小企业及用于其他项目。

---

[1] CARB, Auction Notices and Reports [R/OC].（2023-11-15）[2024-4-13]. https://ww2.arb.ca.gov/our-work/programs/cap-and-trade-program/auction-information/auction-notices-and-reports.

三、价格控制与抵消机制

1. 价格控制机制

加州碳市场设置了年度拍卖底价（Annual Auction Reserve Price）和配额价格控制储备机制（Allowance Price Containment Reserve，APCR）来稳定市场价格。年度拍卖底价呈逐年上升的趋势，由2020年每吨16.68美元上涨至2024年每吨24.04美元。配额价格控制储备机制将储备配额以固定价格进行出售，用来调控配额价格，当市场价格触发上限，储备库将放出一定量配额到市场，促使价格回落。

2. 抵消机制

加州碳市场允许覆盖企业通过资助减排项目或碳封存项目来抵消一定比例的排放。抵消项目需要符合"合规抵消协议"，目前，加州空气资源委员会批准六类项目参与抵消，包括捕获和消除牲畜粪便产生的甲烷、捕获和消除采矿项目中的甲烷、消除臭氧消耗物质、减少水稻种植的温室气体排放、在美国境内种植或保护森林及在城市地区植树。2013—2020年抵消上限为8%，AB 398号法案将2021—2025年的抵消上限调整至4%，并将2026—2030年的抵消上限设置为6%。同时，AB 398号法案还规定了对该州不提供直接环境效益的项目产生的减排量抵消时不得超过总抵消量的一半。

此外，加州空气资源委员会对抵消信用的质量要求严格，抵消信用须是"真实的、额外的、可量化的、永久的、可验证的和可执行的"。这些要求大多是通过严格限制符合条件的项目类型和提供确定减少温室气体数量的具体量化方法和计算方法来解决的。此外，美国森林生态补偿制度还包括了尽量减少泄漏的条款，以确保审定的项目能够实现真正的减排，而不是将这些排放转移到其他领域。

第三节　东京都碳市场的建设经验

截至 2025 年 4 月，东京都总人口约 1418 万人，面积 2200 平方千米，温室气体排放量占日本全国总排放量的 5%。据《东京都最终能源消费及温室气体排放量 2022 年度速报》披露的数据，截至 2022 年，在东京都的温室气体排放中，工商业排放量占比约 50%。根据东京都的排放特点，东京都碳市场（Tokyo-CAT）的纳入行业范围设定为年能源消耗量 1500 千升原油及以上的工、商业场所，总共覆盖了 1000 家商业、公共场所及 200 家工业场所。东京都碳市场的主要目标之一是控制并减少老旧大型建筑的二氧化碳排放，同时，也要求中小型建筑和新建建筑通过地球环境报告制度（东京都的碳排放报告制度）进行碳排放数据报告。

东京都自 2002 年开始实施强制的温室气体排放数据上报制度，到了 2010 年，东京都碳市场进入试运行阶段，根据排放目标制定了排放总量，开始了总量控制与交易。碳市场的每个履约期为五年，2010—2014 年为第一履约期，2015—2019 年为第二履约期，2020—2024 年为第三履约期。

一、政策与法律保障

日本碳排放峰值出现于 2013 年，碳排放峰值为 14.08 亿吨，人均排放量为 11.17 吨二氧化碳当量，低于欧盟人均水平的 8.66%。日本长期气候战略是到 2050 年在 2010 年的基础上减排 80%，并在"21 世纪后半叶"尽早实现碳中和。

日本旨在减少因使用化学能源而产生的温室气体排放，为此在1997年制定了《促进新能源利用特别措施法》，2002年，又制定了能源政策基本法等法规政策，这些法规政策被视为日本实现碳中和目标的重要法律依据。另外，日本政府还发布了控制碳排放及发展绿色经济相关的政策文件，包括2008年5月出台《面向低碳社会的十二大行动》提出了一系列行动计划，以实现低碳社会的目标；2009年发布《绿色经济与社会变革》政策草案，强调绿色经济和社会变革的重要性；2021年5月通过《全球变暖对策推进法》，以立法形式明确了日本到2050年实现碳中和的目标。

此外，日本采取了一系列政策措施支持碳减排行动，为碳市场的发展营造了良好的环境。资金支持方面，日本政府出资2万亿日元设立"绿色创新基金"，重点围绕绿色增长战略的3大产业类型和14个具体产业领域，通过撬动大量国际资本、民间资金投入，激励科技领军企业联合高校、科研机构等持续开展碳中和技术研发、示范应用直到社会推广。税收方面，日本政府建立了碳中和投资促进税制，对从事业务重组、重组等工作的公司设立了特殊上限，同时扩大了研发税制。具体来说，三年内碳生产效率高于7%的企业购置有助于促进碳中和的设备可以享受5%的税额抵免或50%的特殊折旧，碳生产效率高于10%的企业可享受10%税额减免或50%的特殊折旧。

二、总量设定与配额分配

东京都碳市场设定的是绝对减排总量目标，而非强度目标。其减排目标规定，2020年要在2000年的基础上减排25%；到2030年要在2000年的基础上减排30%。第一履约期为大幅削减碳排放的转折启动期，需要在基准年的基础上将大型商业部门的排放量减少6%；第二履约期为大幅度减排阶段，需要在基准年的基础上将大型商业部门的排放量减少17%；第三、第四履约期需要通过能源节约与可再生能源利用进一步扩大减排量，总量减排目标分别为基准年的27%和35%。

东京都碳市场的配额分配规则分为针对既有设施的分配规则与针对新增设施的分配规则。

既有设施在每个履约期开始初期可以免费获得除新增设施预留配额外的剩余配额，设施对应的排放配额计算方法采用的是历史排放法，具体计算方法如下：

设施分配配额＝基准年排放量×基准减排率×义务履约期（5年）（7-1）

基准年的排放量通常取该设施在2002—2007年度中任意连续3年实际排放量的平均值；基准减排率根据东京都政府的法规来设定；乘以数字5表示是5年义务履约期的配额总量。东京都碳市场前三个履约期的设施基准减排率如表7-2所示。

表7-2 东京都碳市场前三个履约期的设施基准减排率

设施类别		基准减排率/%		
		第一履约期	第二履约期	第三履约期
I-1	办公楼、区域供热供冷工厂	8	17	27
I-2	大量使用区域供冷供热的办公楼	6	15	25
II	除I-1、I-2的其他设施（工厂、上下水设施、废弃物处理设施等）	6	15	25

资料来源：东京都环境局《温室气体减排总量义务及排放交易计划（总量控制与交易计划）》修正案［适用于第三个计划期（2020—2024财年）的事项］。

新增的建筑设施及在 2010 年以后其他新进碳市场的建筑共同分配为新增设备预留的免费配额。配额采用两种方式进行计算：一种是历史排放法，另外一种是基于排放强度标准的分配方法。其中只有气候变化措施的推进水平满足认定基准的建筑设施才能采用第一种计算方法，以避免在历史排放法下新进入碳市场的主体故意加大排放量以获取更多的排放配额。

三、碳信用抵消机制

东京都碳市场的交易单位并非配额，而是两种碳信用单位：超额碳信用及抵消碳信用。排放设施进行履约时并不采用碳配额，而是使用两种碳信用单位。其中抵消碳信用包括东京都中小型企业投资抵消碳信用、可再生能源抵消碳信用、非东京都抵消碳信用及埼玉县抵消碳信用。

1. 东京都中小型企业投资抵消碳信用

设立此碳信用的目的在于鼓励中小企业通过减排获取信用额度，从而推动减排目标的达成，并提升中小型企业的参与度。

申请此类碳信用的中小企业需要位于东京都区域范围内，按要求提交温室气体排放报告，原则上需要以建筑为单位开展减排项目，且必须具备升级设施设备的权力或能够取得授权。符合申请条件的中小企业可以在提交排放报告、实施减排措施后获得签发的碳信用并开展交易。

此碳信用额度的分配基于中小企业的历史排放水平，即在企业实施减排方案前三年中选择一年为基准年，以该年排放水平作为排放基准。通过比较企业提交的预估减排量与企业的实际减排量，根据数量较小的一项分配碳信用额度。

2. 可再生能源抵消碳信用

日本在 2018 年推出非化石能源证书（Non-Fossil Certificate，NFC），

这是日本签发量和交易量最大的绿证。2021年，日本通过《全球变暖对策推进法》，要求受《节能法》管理的对象都必须履行温室气体的报告义务，所有年度能源消耗总量达到1500千升（约2万吨标煤）的特定事业者都需要报告温室气体排放情况。同年11月开始，NFC被允许用于抵扣电力零售企业的温室气体排放。

日本并不直接将NFC证书所代表的非化石能源电力的排放计为0，而是将其处理为代替化石能源发电而产生的减排量。为了体现出不同的能源的环境价值，并帮助价格较高的可再生能源进行消纳，政府选择将NFC代表的减排量从电力间接排放中扣除的抵消方案，公式如下：

电力排放 = 购电量 × 电力零售商调整排放因子 − NFC电量 × 全国平均排放因子 × 修正系数　　　　　　　　　　　　　　（7-2）

3. 非东京都抵消碳信用

非东京都抵消碳信用的设立代表着组织可以通过减少东京以外地区设施的温室气体排放来获得这类抵消额度。此种抵消碳信用的计算方式与碳市场减排设施的减排量计算方式相同，即用总减排量减去义务减排量来确定剩余减排量。

非东京都地区的企业申请此抵消碳信用需要满足一定的门槛条件，一是基准年的能源消费折合原油应达到1500千升及以上，基准年二氧化碳排放量不超过15万吨；二是采取相关减排措施后应达到的预计减排率不能低于6%。

4. 埼玉县抵消碳信用

埼玉县于2011年建立了本地区的碳交易体系，并与东京都碳交易体系建立了双边联系。埼玉县在碳市场机制设计方面基本模仿东京都的做法。不同的是，埼玉县排放目标是自愿的，而并非强制性的，且埼玉县大多数工厂属于制造业。埼玉县碳市场与东京都碳市场达成了双边关系协议，两个市场之间支持碳信用的联动,埼玉县碳市场中的剩余碳信用及中小型设施的碳信用可以用于完成东京都碳市场中的减排义务,且不对上述碳信用的抵消数量加以限制。

5. 国外碳信用的抵消限制

东京都碳市场并不允许使用国际碳信用额度进行交易与抵消[①],市场被设计为"半封闭"形态,以降低国际市场的影响,减少价格波动。日本工业曾斥巨资购买CDM碳信用额度,以实现自愿行动计划(VAP,涉及各行业协会制定的自愿排放目标和承诺)下的排放目标,而日本行业协会对此支出提出反对意见,认为是一种严重浪费。为了回应这一批评,政府设计了上述四种抵消机制以增加减排量。

---

① 2023年启动的日本碳市场(GX-ETS)接受其他国家符合条件的碳信用项目注册申请,包括碳捕集、利用和封存(CCUS),沿海蓝碳,生物能源碳捕集和封存(BECCS)及直接空气捕集和碳封存(DACCS)四种,抵消上限为5%。

第八章
完善碳交易制度设计与金融支持

在全球应对气候变化的背景下，碳交易是实现减排目标的重要手段之一。通过完善的制度设计，可以确保碳交易市场的公平、透明和高效运行，促进碳减排资源的合理配置。同时，金融支持能够为碳交易提供充足的资金保障和多样化的金融工具，提升市场的流动性和活跃度，吸引更多企业参与其中，推动碳减排技术的创新与应用。只有不断完善碳市场的制度设计与金融支持，才能更好地发挥碳交易在应对气候变化、促进经济可持续发展方面的关键作用，为实现绿色低碳转型奠定坚实基础。

第一节 碳交易制度的优化方向

一、拓宽控排行业范围，推动碳市场逐步扩容

电力行业作为我国最大的温室气体排放源，其碳排放量约占全国排放总量的近50%。而且，电力行业的碳排放数据基础较好，核算方式也相对统一，所以率先被纳入全国碳市场进行交易。随着全国碳市场第二周期履约的结束，市场活跃度不足及交易受履约驱动的问题日益凸显。因此，有必要拓宽行业覆盖范围，借鉴电力行业纳入经验，引导石化、钢铁等重点行业逐步进入全国碳市场。

将更多行业纳入碳交易范围，能让具有不同边际减排成本的企业参与其中，这有利于降低社会整体减排成本，提高减排效率。不过，行业范围

的扩大也会相应增加碳交易的行政成本，对其经济效益产生影响，所以在拓宽行业覆盖范围时，需要对行业选择进行谨慎评估。有学者指出，在电力行业之外继续纳入冶金、交通、石油和服务业等行业，可使全国碳减排成本下降约 80%，这意味着较小的行业范围可以实现大部分的排放覆盖，同时有效节约减排成本，这也与我国碳交易长期目标中的行业覆盖计划较为一致。①

我国已经针对钢铁、化工、电解铝等十个行业出台了温室气体排放核算办法与报告指南，相关碳排放数据的核算、报告与核查工作已经筹备多年，而且多行业覆盖在试点市场也已实施多年，具备较好的数据基础和实践经验。基于此，我国有必要对全国碳市场进行扩容，分批次将其余重点行业逐步纳入全国碳市场。

二、逐步调整排放控制策略，向"双碳"目标迈进

我国全国碳市场及试点碳市场所实行的碳排放控制策略均是以强度控制为主，也就是通过降低单位国内生产总值的碳排放强度，来实现总体碳排放量的减少。这种方式在一定程度上推动了碳减排工作，但对于实现更为严格的碳排放控制目标，特别是长期目标而言，强度控制存在着不确定性风险。相比之下，总量控制方式能够更直接且精确地对碳排放总量的上限及减排力度进行限制，更有利于碳减排目标的顺利实现。

面对气候问题及资源环境压力，为了有效实现"双碳"目标，有必要从时间和空间这两个维度对"双碳"目标进行科学分解，构建包含区域性、阶段性目标的减排策略，从而为部分和整体减排目标的实现提供支持。

在从强度控制转向实施总量控制的过程中，需要确保碳强度指标与总

---

① 张琦峰. 面向碳达峰目标的我国碳排放权交易机制研究[D]. 杭州：浙江大学，2021.

量控制指标之间能够有效衔接。这可能需要对现有的政策进行调整，并且制定新的政策和措施，以保证碳排放控制目标能够顺利实现，尤其需要充分考虑各个行业的减排潜力及地区间的经济差异，在转换初期，总量控制应在相对宽松的框架内实施，不宜设定过于严格的总量水平。为了制定科学合理的总量控制阶段性与整体性目标，保障强度控制能够顺利地向总量控制过渡，需要加强对碳排放数据的统计和核算，确保数据的准确性和及时性。这就需要建立并完善全国统一的碳排放统计和核算体系，确保数据的一致性和准确性；还需要提升数据检测、报告和核查的能力，对企业和个人的碳排放数据进行定期审计和验证；此外，还应加强跨部门和跨地区的数据共享和协调，确保数据的全面性和及时性。

三、完善配额分配策略，解决双重计算问题

首先，应适当增加有偿分配比例。我国目前采用的是以免费分配为主的配额分配方式，这种方法在碳市场初期有利于保障制度的平稳过渡，但缺乏分配效率。为了更好地激励企业减排和适应市场机制，我国可以考虑在全国碳市场中逐渐引入有偿分配的方式，通过拍卖来分配部分碳配额，并扩大试点碳市场有偿分配的配额比例，这种方法能更好地反映碳排放权的稀缺性，使企业意识到排放需要付费，从而激励其采取更有效的减排措施。在由免费分配转向有偿分配时，需要确保这一过程的平稳过渡，避免对企业造成过重的负担。可以借鉴 EU-ETS 和加州碳市场的经验，根据市场发育情况选择一定比例配额实行有偿分配，分阶段增加有偿分配的比例，为免费分配配额保留足够空间，以适应不同企业的配额需求和减排能力。

其次，可以适时扩宽基准线法的应用范围。全国碳市场自成立以来的三个履约周期均采用免费分配方式中的基准线法进行配额分配，这种方法对于企业提升碳生产率具有较好的激励效果，而试点碳市场由于覆盖行业

范围较广，基准线法仅应用于电力、热力等少数行业，且基准值设定缺乏科学性，变相保护了落后产能。随着数据基础的不断完善，我国应当借鉴EU-ETS等做法，将基准线法应用到更多数据基础较好、产品类型简单的行业中，按照"一个产品对应一个基准"的原则，建立符合行业实际的基准体系。

最后，还应重点解决配额分配过程中的双重计算问题。双重计算意味着排放量在生产端与消费端被重复计算，这种情况经常出现在能源生产链条中。中国的碳交易体系既覆盖了电力生产行业，其配额是基于化石能源燃烧产生的直接排放量进行分配；还覆盖了钢铁、水泥、化工等电力消费行业，其配额分配同时考虑了直接排放和间接排放，如此便存在双重计算的问题。[①] 改进双重计算问题一方面可以参考NZ-ETS等碳市场的做法，对排放源实行上游监管，仅对直接排放来源分配碳配额；在碳市场同时覆盖上游和下游排放源时，则需科学计量不同生产过程的碳排放，合理划分能源生产方和消费方的控排责任。

四、规范市场履约机制，制定适当违约处罚标准

履约机制是保障碳交易总量控制有效性的关键。我国试点碳市场与全国碳市场在配额履约程序的设计上具有一定差异，各碳市场历年的履约期限也时常变动，不利于企业如期进行履约清缴。配额的履约清缴主要包含控排企业提交排放与核查报告进行实际排放量核定、根据实际排放提交对应配额完成清缴两项主要程序。

为了企业如期完成配额履约清缴，首先，应对企业提交排放报告与核查报告的期限进行明确规定，避免反复变动或临时调整，导致企业难以在短期获得足量配额。

---

① 熊灵，齐绍洲，沈波. 中国碳交易试点配额分配的机制特征、设计问题与改进对策[J]. 武汉大学学报(哲学社会科学版)，2016，69(3)：56-64.

其次，需要合理设置配额履约清缴期限。履约期的长短取决于碳市场的控排目标，在碳交易的初期阶段，较短的履约周期有利于保证交易的活跃性并能及时对存在的问题进行调整，但应考虑为报告、核查与复核等程序预留足够时间以保证数据的准确性与履约结果的有效性。

再次，各碳市场应加强对履约信息的公开。我国碳交易信息公开仅限于成交量和成交价格等交易信息，履约信息缺乏透明度，公众无法获知企业的排放、核查及违约情况。为了规范企业的履约行为，应当将信息公开作为必要的履约程序，加强履约信息的公开力度。

最后，我国各碳市场针对未按期履约行为的处罚标准存在较大差异，《碳排放权交易管理暂行条例》将全国碳市场的违约处罚力度提升到较高水平，而部分试点碳市场处罚强度极弱，难以形成有效的履约约束，为了使试点碳市场与全国碳市场形成有效连接，需要对试点碳市场的违约处罚力度进行适当调整。

五、优化碳市场抵消机制，发挥自愿减排作用

我国碳市场在履约机制设计上为企业履约提供了灵活性选择，这体现在全国碳市场与试点碳市场在实施排放总量控制的同时，均允许控排企业使用CCER等进行配额的抵消。CCER、林业碳汇等自愿减排量作为配额交易的补充，为企业提供了额外的减排途径，企业可以通过开展相关项目获得减排量并转化为碳信用额度。这些额度可以用于抵消企业的超额排放，降低企业的减排成本，也可以进行出售，增加企业的减排收益。然而在配额抵消机制的设计上，全国碳市场与各试点碳市场之间存在着项目适用条件差异过大、不同地区间自愿减排量不通用、允许抵消比例不一致、抵消验证程序繁复等问题，导致企业使用自愿减排项目抵消受限，不利于自愿减排项目发挥调节配额价格、促进整体减排的作用。

2023年10月，生态环境部发布了《关于全国温室气体自愿减排交易市场有关工作事项安排的通告》，意味着CCER项目再度重启，为了充分发挥自愿减排机制的作用，同时保证碳配额价格的稳定性，亟须完善配额抵消机制的设计。首先应当加快形成相对统一的抵消标准，明确自愿减排项目在注册认证、抵消信用签发等环节的具体标准，完善各类项目的方法学标准，从而保障计量结果的准确性、一致性和可靠性。其次是形成统一的碳信用抵消比例，目前各试点碳市场抵消比例具有较大差距，且各碳市场的碳信用抵消存在地域性限制，为了提高自愿减排项目抵消的公平性和有效性，可以通过设置统一的抵消比例打破区域的限制，从而降低企业参与抵消的成本。最后还应明确碳信用的抵消流程，并加强流程相关的培训。针对抵消涉及的碳排放量监测、登记、报告、交易评定等一系列流程，出台明确的抵消规则和操作标准。

六、保障碳市场稳定运行，建立配额价格调控机制

确保碳市场的稳定运行，防止配额价格偏离政策预期，是碳交易制度设计中的关键所在。在碳市场中，配额价格反映出交易主体的减排成本，是促使市场主体开展交易的重要指引。

碳配额的供应由政府的减排政策目标所决定，而需求则往往会受到经济冲击、能源价格波动等外在条件的影响。因此，短期内的碳价容易出现与政策预期相背离的情况，这不仅会导致整体减排成本的上升，还会加重企业购买配额的负担。综观EU-ETS、RGGI等成熟的碳市场，它们在发展初期也因主体变动、数据缺陷等问题，出现总量约束不足的情况，致使碳价长期处于较低水平。而这些碳市场通过设计成本控制储备、稳定储备机制等市场调节机制，成功实现了对配额价格的调控。

市场调节机制是政府将配额价格稳定在合理范围内所采取的调控措

施。[①] 综合 EU-ETS、RGGI 及国内部分试点的经验做法，可以采用公开市场配额投放或回购、对拍卖设定保留价格、调整配额抵消比例等方法来调节碳配额价格。比如，当配额价格或数量达到市场调节的阈值水平时，政府可以动用部分预留的调节配额，通过竞价拍卖、定价出售等方式将其投入碳市场；或者通过设置拍卖的底价或上限来控制一级市场的价格，从而稳定二级市场的配额价格；还可以对 CCER 等的抵消比例进行调节，即通过配额与减排量的交易来实现对配额价格的控制。

第二节 碳金融支持的改进建议

一、加强碳金融的政策支持与资金投入

碳金融的发展依赖于财税、环保等方面的政策支持。目前全国碳市场运行时间较短，市场发育程度不足，相关部门与市场主体对碳金融的认知尚不深入，导致碳金融缺乏系统性的政策引导，商业银行等投融资主体缺乏参与碳金融的外部激励。

为了推动碳金融市场的发展，首先，相关部门必须深化对碳金融的认知，加强对碳金融主体的引导。在碳市场的起步阶段，多数参与者对碳金融价值、碳市场规则、碳资产管理的认知与专业度不足，对此政府应当引导其提升对"双碳"目标与碳金融发展趋势的认知，将低碳发展理念嵌入

---

① 段茂盛，邓哲，张海军. 碳排放权交易体系中市场调节的理论与实践[J]. 社会科学辑刊，2018(1)：92-100.

金融资源的配置过程中。

其次，还应加强碳金融专业人才队伍建设，提高碳金融服务专业化程度。目前，碳市场专业人才储备不足，导致碳金融项目的审批、监管能力有限，碳金融服务的专业化程度不高。主管部门可以通过专家培训等方式强化从业人员的碳金融专业能力，培养和储备碳金融专业人才，从而改进碳金融服务专业化水平。

最后，政府对碳金融项目的资金投入对于推动碳市场的发展至关重要。一方面可以借助中央银行再贷款、存款准备金等工具，为碳金融项目提供较高额度和较低成本的资金支持；另一方面可以借助财政贴息等方式，保障碳金融业务获得较高的投资回报率，从而引导金融机构自愿参与碳金融项目。

二、加强碳金融产品开发与利用

碳金融是通过激活金融资本推动碳市场发展，这一过程离不开碳金融产品的开发与应用。为了促进碳金融市场发展、引领社会资金大量流入低碳领域，2021年11月中国人民银行推出了煤炭清洁高效利用专项再贷款与碳减排支持工具两项创新性货币政策。根据央行2024年第二季度货币政策执行报告披露的数据，截至2024年6月月末，碳减排支持工具余额5478亿元，累计支持金融机构发放碳减排贷款超1.1万亿元，支持煤炭清洁高效利用专项在贷款余额2194亿元；同时，国家持续推动绿色金融产品和市场发展。截至2024年6月月末，我国绿色贷款余额34.8万亿元，约占金融机构本外币贷款余额13.6%，绿色债券累计发行3.71万亿元，其中绿色金融债累计发行1.54万亿元。在"双碳"目标下，我国应当继续做大传统绿色金融产品，充分发挥国有大型银行对绿色金融的支撑与引导作用。

同时，金融机构应当积极开发契合碳市场发展的创新型金融产品，如碳期货、碳期权、碳远期、碳掉期等。金融机构需深化市场调研工作，通过深入了解碳市场的实际需求和发展趋势，准确把握市场动态，为碳金融产品创新提供有力的依据。根据市场需求，有针对性地开发创新出符合市场需求的碳金融产品，提高产品的适应性和竞争力。在创新过程中，应当强化技术应用，充分利用金融科技的优势，如大数据、人工智能、区块链等技术手段，提升碳金融产品的创新效率和服务质量。通过技术手段的应用更好地满足客户需求，提高产品的创新性和实用性。此外，可以加强国际合作，积极与国际上先进的金融机构、研究机构等开展协作，学习借鉴其在碳金融产品创新方面的成功经验和先进做法。通过国际合作，进一步实现资金、技术、人才等资源的流动和优化整合，为我国碳金融产品创新注入新的活力。

三、拓展金融机构在碳交易中的参与途径

在低碳投融资活动中，银行、保险公司、基金管理公司等金融机构能够通过高杠杆撬动大量社会资本，为低碳投融资提供重要的资金来源。我国拥有丰富的金融机构资源与充实的金融资本，然而目前金融机构仍鲜少涉及碳交易相关业务。扩大金融机构在碳市场中的参与度，有利于弥补碳金融资金缺口、增加碳市场的活跃度、提升碳市场的抗风险能力。

为了提高金融机构在碳交易中的参与度，政府应加强相关立法建设，明确规定金融机构在参与碳排放权相关投融资业务时需要建立对应的管理制度，包括但不限于保险机构的投资管理制度、商业银行的信贷管理制度等。

政府可以适当增加金融资源配置总量。应当推动金融机构设立低碳投融资业务部门，专门负责碳金融产品与相关投融资业务，充分发挥金融机构对碳市场的支持作用；还应推动银行、保险等金融机构形成有机

联结，发挥各类金融机构在服务内容与产品类型上的优势，实现金融资源的高效配置。

为了吸引更多金融机构参与低碳投融资业务，政府可以借鉴美国等碳市场的财政投入引导策略，通过财政投入带动金融机构的参与以形成合力。在引导金融机构参与低碳投融资业务时，政府可适当引入财政贴息、损失分担与风险补偿机制，[①]还可以对碳交易相关业务给予税收优惠等福利政策，以疏通碳交易的融资渠道。

四、完善碳金融风险防范机制

作为一种新兴市场，我国碳金融市场发展面临着来自政策、市场与国际环境的多重风险。首先，由于碳金融市场的建立是基于政策的推动，政策的变化会直接影响碳交易的稳定性和预期收益，例如配额总量与分配方式的调整将直接影响控排企业的交易决策，从而影响交易产品的价格。其次，由于目前碳金融体系结构单一且缺乏有效的风险对冲产品，容易造成碳价的异常波动，而碳市场的信息不对称会放大价格扭曲，增加市场主体的投资风险。最后，碳金融交易还面临着国家间冲突带来的政治性风险。

为了保障碳市场的稳定运行，必须对潜在的碳金融风险加以防范与化解。首先应当加强碳金融风险的事前防范，包括对可能存在的政策风险进行全面评估，强化信息披露以规避信用风险，完善交易主体资质审核以避免操作性风险，参考RGGI做法设计配额分配弹性机制或建立市场稳定储备池预防市场风险并避免价格失衡等。其次应当加强碳金融风险的事中管理，包括依托第三方机构对数据监测、报告与核查过程进行监管，主管部门加强对交易情况的跟踪监测与对注册登记系统、交易系统的垂直管理，

---

① 葛晓伟. 金融机构参与气候投融资业务的实践困境与出路[J]. 西南金融，2021(6)：85-96.

采用大户报告制度、配额最大持有量限制制度、风险准备金和结算担保金制度等多种风险管理制度避免交易风险。[①] 最后还应加强碳金融风险的事后处置，包括建立责任追究与违约惩罚机制，及完善碳金融信用体系建设等，通过妥善的事后管理降低金融风险带来的损失。

---

① 王颖,张昕,刘海燕,等.碳金融风险的识别和管理[J].西南金融,2019(2):41-48.